中国盾纤亚纲和咽膜亚纲纤毛虫

范鑫鹏　潘旭明　编著

科学出版社

北京

内容简介

近几十年来，我国已成为全球范围内纤毛虫分类学研究最活跃的中心之一，并取得了大量创新成果。但长期以来，这些研究资料主要以阶段性成果散见于林林总总的学术刊物上，纤毛门内以纲目级阶元为核心的目志型著述仍较少。作为国内第一部反映盾纤亚纲和咽膜亚纲纤毛虫种级分类学研究的专著，本书汇集了迄今为止发现于我国境内的113种纤毛虫，详细给出了每个物种的形态特征、采集生境、检索和标本等信息，同时，介绍了种以上各级阶元的定义和参考文献、新厘定的系统安排及研究方法等内容。

本书可供动物分类学或相关学科的研究者参考。

图书在版编目(CIP)数据

中国盾纤亚纲和咽膜亚纲纤毛虫/范鑫鹏，潘旭明编著. —北京：科学出版社，2020.11
ISBN 978-7-03-066263-7

Ⅰ. ①中… Ⅱ. ①范… ②潘… Ⅲ. ①纤毛虫–中国 Ⅳ. ①S852.72

中国版本图书馆 CIP 数据核字(2020)第 184497 号

责任编辑：李秀伟　白　雪　闫小敏 / 责任校对：郑金红
责任印制：吴兆东 / 封面设计：刘新新

科学出版社 出版
北京东黄城根北街 16 号
邮政编码：100717
http://www.sciencep.com

北京虎彩文化传播有限公司 印刷
科学出版社发行　各地新华书店经销
*

2020 年 11 月第 一 版　　开本：B5 (720×1000)
2020 年 11 月第一次印刷　印张：12 3/4
字数：257 000
定价：128.00 元
(如有印装质量问题，我社负责调换)

前　　言

　　纤毛虫是一大类分化程度最高的单细胞真核生物，在原生动物亚界中作为一个门。因具有独特的双元核和有性生殖方式、表征复杂、细胞易繁殖等优点，纤毛虫常被作为重要的生物学研究材料，在细胞生物学、进化生物学、遗传学等领域发挥着重要作用。纤毛虫普遍为全球性广布，其多样性是生物圈生物多样性的重要组分；同时，纤毛虫在微食物网及水生态系统中扮演着能量和物质传递枢纽的角色，因此，纤毛虫是环境生物学和生态学研究者所关注的重要对象。

　　纤毛虫分类学作为一门基础学科，出现于18世纪的欧洲。直至20世纪初，大量的早期研究仍主要集中于欧美国家，而在整个东亚地区，有关纤毛虫的本底研究严重不足。我国纤毛虫研究始于20世纪30年代，历经几代人的努力，特别是经过最近几十年来的快速发展，我国已取得了大量创新性的成果，并逐渐成为全球范围内纤毛虫分类学研究最为活跃的中心之一。

　　然而，相对于门内庞杂的类群，国内有关分类学的论著仍有极大的缺口。现有的纤毛虫分类相关著作，虽有《西藏水生无脊椎动物》《中国黄渤海的自由生纤毛虫》等覆盖类群较广的，也有《海水养殖中的危害性原生动物》等针对某一特定生境的，更有《砂壳纤毛虫图谱》及新近出版的《中国南海纤毛虫图谱》（英文）等图鉴，但是目志型的专著，目前仅有《中国动物志 纤毛门 寡膜纲 缘毛目》和新近付梓的《中国腹毛亚纲纤毛虫》。面对当今零散浩繁的期刊文献，一个突出的问题是：对于众多的从事相关领域研究的非专业人士，急需具有针对性和专业性的集成式著述作为手册性工具书。

　　盾纤亚纲和咽膜亚纲纤毛虫是形态与亲缘关系极其相近的两个类群，同属于寡膜纲。这两类纤毛虫被人们所知悉很大程度上是因为：盾纤亚纲的不少成员能引起盾纤虫病，从而造成水产养殖等行业的重大损失，而咽膜亚纲的典型代表——草履虫是被广泛采用的模式生物。这两类纤毛虫常见于各种生境，尤其是富营养化水体中。它们个体微小，物种间相似度高，而不同阶元间分类性状权重如何难以一语概之。因此，对这两个类群进行鉴定与分类即便对于纤毛虫学研究者来说也并非易事。

　　基于上述原因，作者对在中国境内报道的4目24科49属共113种盾纤亚纲和咽膜亚纲纤毛虫进行了汇编整理。在总论部分，简要介绍了这两个类群的形态及形态发生，综述了分子系统学的新观点并更新了分类系统，也介绍了相关研究方法和名词术语。在各论部分，针对每一个物种，提供了检索与鉴定文献、形态特征描述、生境与标本存放等详细信息，同时，给出了种以上不同级别阶元的定义、参考文献和检索表。

本书从构思到完成得到了恩师宋微波院士的悉心指导。同时，本书所汇编的绝大部分素材来源于包括作者在内的宋老师所指导的博士研究生的多年积累。在此，由衷地感谢恩师的教导与信任。

署名作者潘旭明完成了各论中的嗜污目章节，范鑫鹏完成了其他章节和全书的统稿、校对。本书在写作过程中得到了诸位前辈、同行的帮助：中国科学院水生生物研究所的汪建国先生提供了宝贵的历史文献；厦门大学的林晓凤教授、中山大学的龚骏教授、中国科学院海洋研究所的詹子锋博士及中国海洋大学的刘铭鉴博士提供了部分图版；中国海洋大学的高凤教授和首都师范大学的赵研博士对总论中的部分内容提出了建设性的修改意见。此外，华东师范大学的卢洁、吴怡、孙翠敏和张晓曦同学在图版制作、图注和文献核对等方面提供了不同程度的协助。在此一并致谢！本书的出版得到了国家自然科学基金项目（41876151）及华东师范大学中央高校基本科研业务费专项的资金资助。

囿于学识有限，书中难免存在不足之处，恳请各种形式的批评与指教，以利今后改正。

作　者

2019 年 11 月 3 日

目　录

前言
总论 ……………………………………………………………………………………… 1
　一、研究简史 …………………………………………………………………………… 1
　二、形态特征 …………………………………………………………………………… 3
　　（一）盾纤亚纲的形态 ……………………………………………………………… 3
　　（二）咽膜亚纲的形态 ……………………………………………………………… 4
　三、无性生殖过程中的纤毛器发生 …………………………………………………… 6
　　（一）体纤毛器的发生 ……………………………………………………………… 6
　　（二）口纤毛器的发生 ……………………………………………………………… 6
　　　1. 盾纤亚纲的口器发生 …………………………………………………………… 8
　　　2. 咽膜亚纲的口器发生 …………………………………………………………… 8
　四、分子系统学与分类系统 …………………………………………………………… 10
　　（一）分子系统学 …………………………………………………………………… 10
　　　1. 盾纤亚纲分子系统学 …………………………………………………………… 11
　　　2. 咽膜亚纲分子系统学 …………………………………………………………… 13
　　（二）分类系统 ……………………………………………………………………… 15
　　　1. 代表性的分类系统 ……………………………………………………………… 15
　　　2. 本书的分类系统 ………………………………………………………………… 18
　五、生态及地理分布 …………………………………………………………………… 21
　六、研究方法 …………………………………………………………………………… 21
　　（一）自由生类群的采集与培养 …………………………………………………… 21
　　　1. 采集方法 ………………………………………………………………………… 21
　　　2. 分离虫体 ………………………………………………………………………… 22
　　　3. 培养 ……………………………………………………………………………… 22
　　（二）寄生/共栖生类群的采集与分离 …………………………………………… 22
　　　1. 贝类寄生/共栖生纤毛虫的采集与分离 ……………………………………… 22
　　　2. 棘皮动物寄生/共栖生纤毛虫的采集与分离 ………………………………… 22
　　（三）活体观察 ……………………………………………………………………… 22
　　（四）银染色法 ……………………………………………………………………… 23
　　（五）制片观察及绘图 ……………………………………………………………… 23
　　（六）名词术语 ……………………………………………………………………… 23

各论

盾纤亚纲 Scuticociliatia Small, 1967 ··27

一、帆口目 Pleuronematida Fauré-Fremiet in Corliss, 1956·············27

（一）阔口虫科 Eurystomatellidae Miao, Wang, Song, Clamp & Al-Rasheid, 2010 ···27

1. 阔口虫属 *Eurystomatella* Miao, Wang, Song, Clamp & Al-Rasheid, 2010···28

   （1）中华阔口虫 *Eurystomatella sinica* Miao, Wang & Song, Clamp & Al-Rasheid, 2010 ·····································28

2. 维尔伯特虫属 *Wilbertia* Fan, Miao, Al-Rasheid & Song, 2009····29

   （2）典型维尔伯特虫 *Wilbertia typica* Fan, Miao, Al-Rasheid & Song, 2009··29

（二）梳纤虫科 Ctedoctematidae Small & Lynn, 1985·······················30

3. 鬃毛虫属 *Hippocomos* Czapic & Jordan, 1977 ····················30

   （3）盐鬃毛虫 *Hippocomos salinus* Small & Lynn, 1985 ·······31

（三）纤袋虫科 Histiobalantiidae de Puytorac & Corliss in Corliss, 1979 ····32

4. 纤袋虫属 *Histiobalantium* Stokes, 1886·····························32

   （4）海洋纤袋虫 *Histiobalantium marinum* Kahl, 1933 ········32

（四）膜袋虫科 Cyclidiidae Ehrenberg, 1838 ····································33

5. 发袋虫属 *Cristigera* Roux, 1899·······································34

   （5）中型发袋虫 *Cristigera media* Kahl, 1931 ·····················34

6. 刺膜袋虫属 *Acucyclidium* Gao F, Gao S, Wang, Katz & Song, 2014··35

   （6）尖梭刺膜袋虫 *Acucyclidium atractodes* (Fan, Hu, Al-Farraj, Clamp & Song, 2011) Gao F, Gao S, Wang, Katz & Song, 2014 ··· 35

7. 镰膜袋虫属 *Falcicyclidium* Fan, Hu, Al-Farraj, Clamp & Song, 2011···36

   （7）方氏镰膜袋虫 *Falcicyclidium fangi* Fan, Hu, Al-Farraj, Clamp & Song, 2011 ···37

   （8）柠檬镰膜袋虫 *Falcicyclidium citriforme* Fan, Xu, Jiang, Al-Rasheid, Wang & Hu, 2017···38

8. 原膜袋虫属 *Protocyclidium* Alekperov, 1993 ······················39

   （9）瓜形原膜袋虫 *Protocyclidium citrullus* (Cohn, 1866) Foissner, Agatha & Berger, 2002···39

   （10）中华原膜袋虫 *Protocyclidium sinicum* Fan, Lin, Al-Rasheid, Al-Farraj, Warren & Song, 2011 ·······································40

9. 伪膜袋虫属 *Pseudocyclidium* Small & Lynn, 1985 ·············41

   （11）长伪膜袋虫 *Pseudocyclidium longum* Xu & Song, 1998········41

10. 膜袋虫属 *Cyclidium* Müller, 1773 ··································43

（12）厦门膜袋虫 *Cyclidium amoyensis* Nie, 1934 ·············· 43
（13）瞬闪膜袋虫 *Cyclidium glaucoma* Müller, 1773 ·············· 44
（14）异玻氏膜袋虫 *Cyclidium varibonneti* Song, 2000 ·············· 45
（15）中华膜袋虫 *Cyclidium sinicum* Pan, Liang, Wang, Warren, Mu, Yu & Chen, 2017 ·············· 46
（五）帆口虫科 Pleuronematidae Kent, 1881 ·············· 47
 11. 帆口虫属 *Pleuronema* Dujardin, 1841 ·············· 47
  （16）优雅帆口虫 *Pleuronema elegans* Pan X, Huang, Fan, Ma, Al-Rasheid, Miao & Gao, 2015 ·············· 48
  （17）少毛帆口虫 *Pleuronema paucisaetosum* Pan H, Hu, Warren, Wang, Jiang & Hao, 2015 ·············· 49
  （18）刚毛帆口虫 *Pleuronema setigerum* Calkins, 1902 ·············· 50
  （19）维尔伯特帆口虫 *Pleuronema wilberti* Wang, Song, Warren, Al-Rasheid, Al-Quraishy, Al-Farraj, Hu & Pan, 2009 ·············· 51
  （20）东方帆口虫 *Pleuronema orientale* Pan H, Hu, Warren, Wang, Jiang & Hao, 2015 ·············· 53
  （21）双核帆口虫 *Pleuronema binucleatum* Pan H, Hu, Jiang, Wang & Hu X, 2016 ·············· 54
  （22）维氏帆口虫 *Pleuronema wiackowskii* Wang, Song, Hu, Warren, Chen & Al-Rasheid, 2008 ·············· 55
  （23）拟维氏帆口虫 *Pleuronema parawiackowskii* Pan H, Hu J, Jiang, Wang & Hu X, 2016 ·············· 56
  （24）海洋帆口虫 *Pleuronema marinum* Dujardin, 1841 ·············· 57
  （25）查匹克帆口虫 *Pleuronema czapikae* Wang, Song, Hu, Warren, Chen & Al-Rasheid, 2008 ·············· 58
  （26）中华帆口虫 *Pleuronema sinica* Wang, Song, Warren, Al-Rasheid, Al-Quraishy, Al-Farraj, Hu & Pan, 2009 ·············· 59
  （27）格氏帆口虫 *Pleuronema grolierei* Wang Hu, Long, Al-Rasheid, Al-Farraj & Song, 2008 ·············· 60
  （28）普氏帆口虫 *Pleuronema puytoraci* Grolière & Detcheva, 1974 ·············· 61
  （29）冠帆口虫 *Pleuronema coronatum* Kent, 1881 ·············· 62
 12. 裂纱虫属 *Schizocalyptra* Dragesco, 1968 ·············· 63
  （30）艾斯特裂纱虫 *Schizocalyptra aeschtae* Long, Song, Warren, Al-Rasheid, Gong & Chen, 2007 ·············· 64
  （31）中华裂纱虫 *Schizocalyptra sinica* Wang, Miao, Zhang, Gao, Song, Al-Rasheid, Warren & Ma, 2008 ·············· 65
  （32）相似裂纱虫 *Schizocalyptra similis* Wang, Miao, Zhang, Gao, Song, Al-Rasheid, Warren & Ma, 2008 ·············· 66
（六）鱼钩虫科 Ancistridae Issel, 1903 ·············· 67
 13. 鱼钩虫属 *Ancistrum* Maupas, 1883 ·············· 67

(33) 鲍鱼钩虫 *Ancistrum haliotis* Xu, Song & Warren, 2015 ········ 67
(34) 尖鱼钩虫 *Ancistrum acutum* Xu, Song & Warren, 2015 ········ 69
(35) 厚鱼钩虫 *Ancistrum crassum* Fenchel, 1965 ················ 70
(36) 日本鱼钩虫 *Ancistrum japonicum* Uyemura, 1937 ·········· 71
(七) 半旋虫科 Hemispeiridae König, 1894 ························ 72
14. 后口虫属 *Boveria* Stevens, 1901 ···························· 73
(37) 亚桶形后口虫 *Boveria subcylindrica* Steven, 1901 ········· 73
(38) 唇形后口虫 *Boveria labialis* Ikeda & Ozaki, 1918 ·········· 74
二、嗜污目 Philasterida Small, 1967 ······························ 75
(八) 吸触虫科 Thigmophryidae Chatton & Lwoff, 1926 ············ 76
15. 吸触虫属 *Thigmophrya* Chatton & Lwoff, 1923 ··············· 76
(39) 双壳吸触虫 *Thigmophrya bivalviorum* Chatton & Lwoff, 1926 ··· 76
16. 粘叶虫属 *Myxophyllum* Raabe, 1934 ······················· 77
(40) 大粘叶虫 *Myxophyllum magnum* Xu & Song, 2000 ········ 78
(九) 隐唇虫科 Cryptochilidae Berger in Corliss, 1979 ············ 79
17. 彼格虫属 *Biggaria* Aescht, 2001 ··························· 79
(41) 多核彼格虫 *Biggaria polynucleatum* (Nie, 1934) Zhang, 1963 ··· 79
(42) 百慕大彼格虫 *Biggaria bermudensis* (Biggar & Wenrich, 1932) Aescht, 2001 ···································· 80
(43) 卷柏核彼格虫 *Biggaria caryoselaginelloides* Zhang, 1958 ····· 81
(十) 康纤虫科 Cohnilembidae Kahl, 1933 ······················· 82
18. 康纤虫属 *Cohnilembus* Kahl, 1933 ························· 82
(44) 蠕状康纤虫 *Cohnilembus verminus* (Müller, 1786) Kahl, 1933 ······································· 82
(十一) 伪康纤虫科 Pseudocohnilembidae Evans & Thompson, 1964 ··· 83
19. 伪康纤虫属 *Pseudocohnilembus* Evans & Thomspon, 1964 ···· 84
(45) 哈氏伪康纤虫 *Pseudocohnilembus hargisi* Evans & Thompson, 1964 ································ 84
(46) 水滴伪康纤虫 *Pseudocohnilembus persalinus* Evans & Thompson, 1964 ································ 85
(十二) 拟舟虫科 Paralembidae Corliss & de Puytorac in Small & Lynn, 1985 ··· 86
20. 拟舟虫属 *Paralembus* Kahl, 1931 ··························· 86
(47) 指状拟舟虫 *Paralembus digitiformis* Kahl, 1931 ············ 86
(十三) 内扇虫科 Entorhipidiidae Madsen, 1931 ···················· 87
21. 内扇虫属 *Entorhipidium* Lynch, 1929 ······················ 88
(48) 三角内扇虫 *Entorhipidium triangularis* Poljansky, 1951 ······ 88

(49) 优雅内扇虫 *Entorhipidium tenue* Lynch, 1929 ·············89
(50) 福氏内扇虫 *Entorhipidium fukuii* Lynch, 1929 ·············90
(十四) 嗜污虫科 Philasteridae Kahl, 1931·············91
22. 嗜污虫属 *Philasterides* Kahl, 1931·············91
(51) 拟武装嗜污虫 *Philasterides armatalis* Song, 2000·············92
23. 麦德申虫属 *Madsenia* Kahl, 1934·············93
(52) 印度麦德申虫 *Madsenia indomita* (Madsen, 1931) Kahl, 1934·············93
24. 污栖虫属 *Philaster* Fabre-Domergue, 1885·············94
(53) 中华污栖虫 *Philaster sinensis* Pan X, Yi, Li, Ma, Al-Farraj & Al-Rasheid, 2015·············94
(54) 裂缝污栖虫 *Philaster hiatti* Thompson, 1969·············96
(55) 异指状污栖虫 *Philaster apodigitiformis* Miao, Wang, Li, Al-Rasheid & Song, 2009·············97
25. 针口虫属 *Porpostoma* Möbius, 1888·············98
(56) 显赫针口虫 *Porpostoma notata* Möbius, 1888·············98
(十五) 尾丝虫科 Uronematidae Thompson, 1964·············99
26. 偏尾丝虫属 *Apouronema* Pan M, Chen, Liang & Pan X, 2020·············99
(57) 哈尔滨偏尾丝虫 *Apouronema harbinensis* Pan M, Chen, Liang & Pan X, 2020·············100
27. 小尾丝虫属 *Uronemita* Jankowski, 1980·············101
(58) 拟丝状小尾丝虫 *Uronemita parafilificum* (Gong, Choi, Roberts, Kim & Min, 2007) Liu, Gao, Al-Farraj & Hu, 2016·············101
(59) 拟双核小尾丝虫 *Uronemita parabinucleata* Liu, Gao, Al-Farraj & Hu, 2016·············102
(60) 双核小尾丝虫 *Uronemita binucleata* (Song, 1993) Liu, Gao, Al-Farraj & Hu, 2016·············103
(61) 丝状小尾丝虫 *Uronemita filificum* (Kahl, 1931) Jankowski, 1980·············104
(62) 中华小尾丝虫 *Uronemita sinensis* (Pan, Zhu, Ma, Al-Rasheid & Hu, 2013) Liu, Gao, Al-Farraj & Hu, 2016·············105
28. 尾丝虫属 *Uronema* Dujardin, 1841·············106
(63) 东方尾丝虫 *Uronema orientalis* Pan X, Huang, Fan, Ma, Al-Rasheid, Miao & Gao, 2015·············107
(64) 偏海洋尾丝虫 *Uronema apomarinum* Liu, Li, Zhang, Fan, Yi & Lin, 2020·············108
(65) 暗尾丝虫 *Uronema nigricans* (Müller, 1786) Florentin, 1901·············109
(66) 海洋尾丝虫 *Uronema marinum* Dujardin, 1841·············110
(67) 异海洋尾丝虫 *Uronema heteromarinum* Pan, Huang, Hu, Fan, Al-Rasehid & Song, 2010·············111

（68）优雅尾丝虫 *Uronema elegans* Maupas, 1883 ·················112
29. 平腹虫属 *Homalogastra* Kahl, 1926 ···················113
（69）拟刚毛平腹虫 *Homalogastra parasetosa* Liu, Li, Zhang, Fan, Yi & Lin, 2020 ···················114
（十六）精巢虫科 Orchitophryidae Cépède, 1910 ···················115
30. 拟异阿脑虫属 *Paramesanophrys* Pan X, Fan, Al-Farraj, Gao & Chen, 2016 ···················115
（70）典型拟异阿脑虫 *Paramesanophrys typica* Pan X, Fan, Al-Farraj, Gao & Chen, 2016 ···················115
31. 拟阿脑虫属 *Paranophrys* Thompson & Berger, 1965 ···116
（71）海洋拟阿脑虫 *Paranophrys marina* Thompson & Berger, 1965 ···················117
（72）巨大拟阿脑虫 *Paranophrys magna* Borror, 1972 ···············118
32. 异阿脑虫属 *Mesanophrys* Small & Lynn in Aescht, 2001 ········119
（73）蟹栖异阿脑虫 *Mesanophrys carcini* (Grolière & Leglise, 1977) Small & Lynn in Aescht, 2001 ···················119
33. 后阿脑虫属 *Metanophrys* de Puytorac, Grolière, Roque & Detcheva, 1974 ···················120
（74）东方后阿脑虫 *Metanophrys orientalis* Pan, Zhu, Ma, Al-Rasheid & Hu, 2013 ···················120
（75）相似后阿脑虫 *Metanophrys similis* Song, Shang, Chen & Ma, 2002 ···················122
（76）中华后阿脑虫 *Metanophrys sinensis* Song & Wilbert, 2000 ···123
（十七）拟尾丝虫科 Parauronematidae Small & Lynn, 1985 ···················124
34. 迈阿密虫属 *Miamiensis* Thompson & Moewus, 1964 ···········124
（77）贪食迈阿密虫 *Miamiensis avidus* Thompson & Moewus, 1964 ···················124
35. 拟瞬膜虫属 *Glauconema* Thompson, 1966 ···················125
（78）三膜拟瞬膜虫 *Glauconema trihymena* Thompson, 1966 ·······126
36. 拟尾丝虫属 *Paurauronema* Thompson, 1967 ···················127
（79）长拟尾丝虫 *Paurauronema longum* Song, 1995 ···················127
（80）弗州拟尾丝虫 *Paurauronema virginianum* Thompson, 1967 ·····128
三、斜头目 Loxocephalida Jankowski, 1980 ···················129
（十八）贝虱虫科 Conchophthiridae Kahl in Doflein & Reichenow, 1929 ·····129
37. 贝虱虫属 *Conchophthirus* Stein, 1861 ···················130
（81）短毛贝虱虫 *Conchophthirus curtus* Engelmann, 1862 ·········130
（82）薄片贝虱虫 *Conchophthirus lamellidens* Ghosh, 1918 ·········131
（十九）斜头虫科 Loxocephalidae Jankowski, 1964 ···················132
38. 心口虫属 *Cardiostomatella* Corliss, 1960 ···················132

（83）蠕状心口虫 *Cardiostomatella vermiformis* (Kahl, 1928) Aescht, 2001 ································ 133
39. 拟四膜虫属 *Paratetrahymena* Thompson, 1963 ············ 134
（84）拟瓦氏拟四膜虫 *Paratetrahymena parawassi* Zhang, Fan, Clamp, Al-Rasheid & Song, 2010 ························ 134
（85）瓦氏拟四膜虫 *Paratetrahymena wassi* Thompson, 1963 ······ 135
40. 类右毛虫属 *Dexiotrichides* Kahl, 1931 ··············· 137
（86）庞氏类右毛虫 *Dexiotrichides pangi* Song, Ma & Al-Rasheid, 2003 ································ 137
41. 右毛虫属 *Dexiotricha* Stokes, 1885 ················ 138
（87）颗粒右毛虫疑似种 *Dexiotricha* cf. *granulosa* (Kent, 1881) Foissner, Berger & Kohmann, 1994 ···················· 138
（二十）映毛虫科 Cinetochilidae Perty, 1852 ··················· 139
42. 映毛虫属 *Cinetochilum* Perty, 1849 ················ 140
（88）卵圆映毛虫 *Cinetochilum ovale* Gong & Song, 2008 ·········· 140
43. 伪扁丝虫属 *Pseudoplatynematum* Bock, 1952 ············ 141
（89）邓氏伪扁丝虫 *Pseudoplatynematum dengi* Fan, Chen, Song, Al-Rasheid & Warren, 2010 ····················· 141
（90）具齿伪扁丝虫 *Pseudoplatynematum denticulatum* (Kahl, 1933) Fan, Lin, Al-Rasheid, Warren & Song, 2011 ··············· 143
44. 柔页虫属 *Sathrophilus* Corliss, 1960 ················ 144
（91）扁柔页虫 *Sathrophilus planus* Fan, Chen, Song, Al-Rasheid & Warren, 2010 ····················· 144
（92）侯氏柔页虫 *Sathrophilus holtae* Long, Song, Warren, Al-Rasheid & Chen, 2007 ····················· 146

咽膜亚纲 Peniculia Fauré-Fremiet in Corliss, 1956 ············ 147
四、咽膜目 Peniculida Fauré-Fremiet in Corliss, 1956 ············ 147
（二十一）舟形虫科 Lembadionidae Jankowski in Corliss, 1979 ········ 147
45. 舟形虫属 *Lembadion* Perty, 1849 ················· 147
（93）光明舟形虫 *Lembadion lucens* (Maskell, 1887) Kahl, 1931 ······ 147
（二十二）草履虫科 Parameciidae Dujardin, 1840 ················ 149
46. 草履虫属 *Paramecium* Müller, 1773 ················ 149
（94）杜氏草履虫 *Paramecium duboscqui* Chatton & Brachon, 1933 ································ 149
（二十三）前口虫科 Frontoniidae Kahl, 1926 ················· 150
47. 前口虫属 *Frontonia* Ehrenberg, 1838 ················ 150
（95）尖前口虫 *Frontonia acuminata* (Ehrenberg, 1833) Bütschli, 1889 ································ 151
（96）多核前口虫 *Frontonia multinucleata* Long, Song, Al-Rasheid, Wang, Yi, Al-Quraishy, Lin & Al-Farraj, 2008 ············ 152

（97）孟氏前口虫 *Frontonia mengi* Fan, Chen, Song, Al-Rasheid & Warren, 2011 ················154

（98）眼点前口虫 *Frontonia ocularis* Bullington, 1939 ············155

（99）拟巨大前口虫 *Frontonia paramagna* Chen, Zhao, Pan, Ding, Al-Rasheid & Qiu, 2014 ················156

（100）巨大前口虫 *Frontonia magna* Fan, Chen, Song, Al-Rasheid & Warren, 2011 ················157

（101）优雅前口虫 *Frontonia elegans* Fan, Lin, Liu, Xu, Al-Farraj, Al-Rasheid & Warren, 2013 ················158

（102）小前口虫 *Frontonia pusilla* Fan, Lin, Liu, Xu, Al-Farraj, Al-Rasheid & Warren, 2013 ················159

（103）亚热带前口虫 *Frontonia subtropica* Pan, Gao, Liu, Fan, Warren & Song, 2013 ················160

（104）中华前口虫 *Frontonia sinica* Fan, Lin, Liu, Xu, Al-Farraj, Al-Rasheid & Warren, 2013 ················161

（105）林氏前口虫 *Frontonia lynni* Long, Song, Gong, Hu, Ma, Zhu & Wang, 2005 ················163

（106）特氏前口虫 *Frontonia tchibisovae* Burkovsky, 1970 ··········164

（107）史氏前口虫 *Frontonia shii* Cai, Wang, Pan, El-Serehy, Mu, Gao & Qiu, 2018 ················165

（108）广东前口虫 *Frontonia guangdongensis* Pan, Liu, Yi, Fan, Al-Rasheid & Lin, 2013 ················166

（109）塞弗前口虫 *Frontonia schaefferi* Bullington, 1939 ············167

（110）迪氏前口虫 *Frontonia didieri* Long, Song, Al-Rasheid, Wang, Yi, Al-Quraishy, Lin & Al-Farraj, 2008 ················168

（111）加拿大前口虫 *Frontonia canadensis* Roque & de Puytorac, 1972 ················169

（二十四）锥膜虫科 Stokesiidae Roque, 1961 ················170

48. 马氏虫属 *Marituja* Gajewskaja, 1928 ················170

（112）尾马氏虫疑似种 *Marituja* cf. *caudata* Obolkina, 1995 ······170

49. 双旗口虫属 *Disematostoma* Lauterborn, 1894 ················172

（113）小双旗口虫 *Disematostoma minor* Kahl, 1931 ················172

参考文献 ················174
中名索引 ················184
拉丁名索引 ················188

总 论

一、研究简史

自 1674 年 Antonie van Leeuwenhoek 首次发现纤毛虫原生动物至今，人们借助显微术已发现并报道了近万种纤毛虫。Lynn（2008）将纤毛虫分类学的发展历史大致总结为 5 个时期：大发现时期（1880～1930 年）、发展时期（1930～1950 年）、纤毛图式时期（1950～1970 年）、超微结构时期（1970～1990 年）和修正时期（1990 年至今）。随着各种研究技术的不断成熟和发展，当今研究者倾向于综合使用通过多种手段获取的数据来刻画某一物种，这标志着纤毛虫的分类学开始进入新的阶段——"整合分类学"时期（Clamp & Lynn，2017）。隶属于寡膜纲（Oligohymenophorea）的盾纤亚纲（Scuticociliatia）和咽膜亚纲（Peniculia）纤毛虫，其分类学的发展也遵循这一历程。

1773 年，丹麦博物学家 Otto Friedrich Müller 对瞬闪膜袋虫（*Cyclidium glaucoma*）的活体描述开创了盾纤类纤毛虫分类学研究的先河。随后 100 多年中，陆续有学者对更多的物种进行了更详细的基于活体形态的报道（Ehrenberg，1833；Maupas，1883；Stein，1861）。20 世纪 30 年代德国学者 Alfred Kahl 全面系统地总结了当时已有的盾纤类研究工作，将其归纳为 42 个属、160 余个种，包括他本人报道的 17 个新属和 60 余个新种（Kahl，1931，1933，1934，1935）。自 20 世纪 60 年代起，涌现出大量基于纤毛图式描述的新阶元报道和已知种的再刻画（Borror，1972；Foissner et al.，1994；Grolière & Leglise，1977；Grolière et al.，1980；Song，2000；Thompson，1963，1966，1967；Wang et al.，2008a，2008b，2008c）。迄今，已知盾纤类物种超过 300 种。系统学方面，Small（1967）首次依据细胞发生学证据提出了盾纤目（Scuticociliatida），并将曾属于膜口目的帆口虫类及共栖生的触毛类等纤毛虫归入该目。20 世纪 70～90 年代，借助透射电子显微镜揭示的细胞结构，尤其是皮层结构（如基体及附属纤维、表膜）的特征，为揭示盾纤类在纤毛门中的位置提供了超显微水平的资料，de Puytorac（1994）及之后的系统普遍认同将盾纤类进一步提升至亚纲水平。20 世纪 90 年代至今，随着基因测序的广泛应用，基于标记基因的分子系统学分析进一步深化了人们对盾纤亚纲在纤毛门内的系统位置及其内部阶元间系统关系的理解（Gao et al.，2010，2012a，2012b，2013，2014，2016；Li et al.，2006；Zhang et al，2010，2011）。

在我国，盾纤亚纲纤毛虫的分类学研究可追溯至 20 世纪 30 年代，倪达书对厦门海域海胆共栖生纤毛虫（部分种类属于现盾纤亚纲）进行了调查（Nie，1934）。随后，张作人在五六十年代应用银染技术将该研究扩展至中国南海海域（张作人，1958）。上述研究除记录了部分已知种外，还报道了新的阶元。比较系统的盾纤亚纲分类学研究则始于 20 世纪 90 年代宋微波领导的团队在海洋类群方面的工作。大量研究首先针对养殖水体中危害性物种和经济动物体内的共栖生种类开展，之后，陆续扩展到黄渤海、东海及南海各种生境内的自由生种类。时至今日，该团队已为盾纤亚纲分类学研究提供了大量的基于现代分类学标准的物种描述和报道（范鑫鹏，2011；潘旭明，2014；王艳刚，2009；宋微波等，2003，2009；徐奎栋，1999；Hu et al.，2019），以此为基础开展的一系列分子系统学探讨也成为国际范围内盾纤亚纲系统学修订的重要观点（Gao et al.，2016，2017）。

与盾纤亚纲有着近缘关系的咽膜亚纲纤毛虫的研究则源于 Müller（1773）对双小核草履虫（*Paramecium aurelia*）的描述。该亚纲成员相对较少，至今已知形态种不足 100 种。咽膜亚纲大部分的属级阶元建立于 20 世纪 40 年代以前，而其物种多样性主要由草履虫属（*Paramecium*）及前口虫属（*Frontonia*）两个属贡献。在 21 世纪以前，欧洲学者就描述了 30 多种前口虫（Bullington，1939；Dragesco，1960；Foissner et al.，1994；Roque，1961）；俄罗斯学者 Sergei I. Fokin 曾系统研究并总结了草履虫属的物种多样性和其适用的形态分类学特征（Fokin，1986，1997，2010）。系统学方面，咽膜类纤毛虫在 1950 年以前曾与如今典型的膜口类（如四膜虫 *Tetrahymena*）、盾纤类（如帆口虫 *Pleuronema*）一起作为膜口亚目（Hymenostomata）的成员。后来，Fauré-Fremiet 率先提出咽膜亚目（Peniculina）（Corliss，1956），随着超微结构、细胞发生及分子系统学不同角度研究资料的积累，咽膜类与典型膜口类的差别日趋显著，Small 和 Lynn（1985）将该类群提升为目（Peniculida），而后续的系统则进一步将其提升为亚纲级阶元（Lynn，2008；de Puytorac，1994）。值得指出的是，得益于利用标记基因对属于咽膜亚纲的模式生物——草履虫进行分类学研究，已发现细胞色素 c 氧化酶第 I 亚基基因（*cox 1*）和核糖体大亚基 D1/D2 高变区基因（*LSU-D1/D2*）是实现物种区分的有效 DNA 条形码（Santoferrara et al.，2013；Stoeck et al.，2014），这些工作为纤毛虫的分子鉴定提供了有益参考。

在我国，盾纤亚纲纤毛虫的分类学工作开展较晚。虽然张作人等早在 1950 年就以草履虫为材料研究细胞的结构问题，但真正的分类学研究始于 20 世纪 90 年代：宋微波和史新柏分别补足性地描述了 1 种前口虫和 1 种草履虫的形态分类学特征（Shi et al.，1997；宋微波，1994）。进入 21 世纪之后，宋微波领导的团队在海洋咽膜类发现了较高的物种多样性（Long et al.，2015；潘旭明，2014），并进一步验证了条形码基因 *cox 1* 和 *LSU-D2* 在咽膜亚纲除草履虫以外其他物种分子鉴定上的可靠性（Zhao et al.，2013）。

二、形态特征

(一) 盾纤亚纲的形态

虫体较小至中等,卵圆形至长卵圆形。大多数种类可自由游动,极少数栖居于其分泌的外壳中。体纤毛全身遍布,有时局部稀疏;寄生种类具有趋触性纤毛区。1 或多根尾纤毛。表膜泡发达;线粒体大,于表膜下形成线粒体层;射出胞器通常为黏液泡。口区形态多变,位于口区右侧的口侧膜通常包含双动基系,3片典型的口区复动基系小膜位于左侧。通常 1 个大核,但在有些种类中,大核断裂为聚在一起的多个;小核 1 至多个(图 I~图 III)。

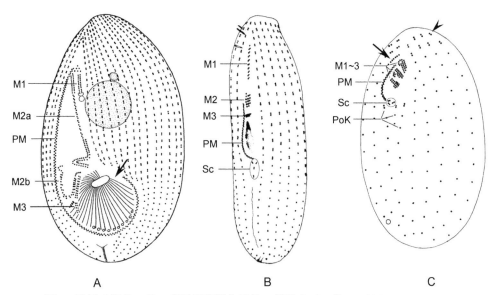

图 I 盾纤亚纲帆口目、嗜污目和斜头目的一般形态(A 仿 Small & Lynn, 1985; B 仿宋微波,1995b; C 自作者)

A. 帆口目,箭头示银浸染色后显示的肋状壁; B. 嗜污目; C. 斜头目,箭头示口区右侧的体动基列常含密集排列的基体,无尾箭头示通常仅体动基列前端的毛基体为双动基系; M1~3. 小膜 1~3, M2a. 小膜 2 前部分; M2b. 小膜 2 后部分; PM. 口侧膜; Sc. 盾片; PoK. 口后体动基列

帆口目 Pleuronematida 口区通常十分阔大,口侧膜显著发达,呈帆状或帘状。口腔右侧壁因口侧膜基体微管呈肋状,称肋状壁。胞口位于赤道线或体前 3/4,后仔虫口器发生时起源于老的口侧膜和盾片,体纤毛一般为明显的混合动基系(图 I-A)。

嗜污目 Philasterida 口区一般位于体前 1/2,口侧膜相对帆口目不发达,占体长比例小于口区小膜。口腔右侧壁无口肋。通常存在盾片,位于口区后方,

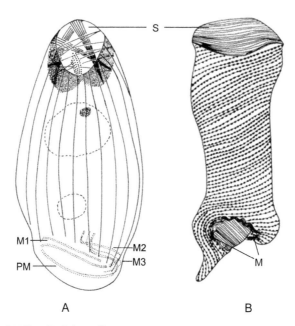

图 II 盾纤亚纲触毛目的一般形态（A 仿 Ngassam & Grain，2000；B 仿 Santhakumari & Nair，1970）
A. 拟褶口虫科；B. 筐核虫科；M. 口区小膜；M1～3. 小膜 1～3；PM. 口侧膜；S. 吸盘

胞肛之前。体动基列为混合动基系（图 I-B）。

斜头目 Loxocephalida 口区通常较小，3 片小膜倾斜甚至垂直于虫体纵轴排列，这明显区别于其他两个目。大部分体动基列通常最前端为双动基系，其余大部分为单动基系。具有口后动基列，肋状壁和盾片有或无（图 I-C，图 III-G）。

触毛目 Thigmotrichida 体前端纤毛特化形成趋触性纤毛，有时为一独立的趋触区。口纤毛器通常于虫体尾端或近尾端环绕；口侧膜不形成明显帆状或帘状；胞口位于体后端。多共栖生于贝类和寡毛类环节动物体内。根据最新观点，触毛目原典型代表——鱼钩虫科 Ancistridae 和半旋虫科 Hemispeiridae 已被认定为帆口目成员。目前仍暂留在该目的阶元，如宫映毛虫科 Hysterocinetidae、拟褶口虫科 Paraptychostomidae 和筐核虫科 Nucleocorbulidae 因其独特的形态（如具有吸盘或反口端纤维束），是否值得提升为更高的阶元有待进一步研究（图 II）。

（二）咽膜亚纲的形态

虫体中等大小，自由游动。体纤毛密集排布，通常在口前、口后形成明显的缝合线。射出体一般为刺丝泡。表膜泡发达；体纤毛基体的超微结构与寡膜纲其他亚纲成员不同，具有切向（而非放射状）的横向纤维。口纤毛器通常为复动基系构成的咽膜，多数成员具有 3 片（图 IV 和图 V）。

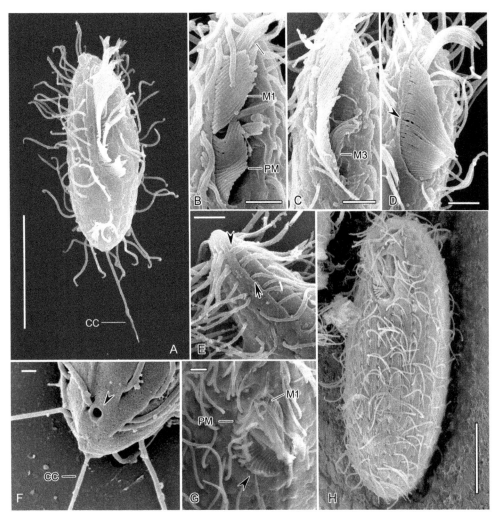

图 III　扫描电镜下盾纤亚纲纤毛虫的形态（自作者）

A~F. 水滴伪康纤虫（嗜污目）的腹面观（A）、口区（B~D）、体前部（E）和体后部（F），D 中无尾箭头示该物种的小膜 1 与口侧膜之间的界限不明显，E 中无尾箭头和箭头分别示体动基列中的双动基系和单动基系，F 中无尾箭头示伸缩泡开孔；G 和 H. 颗粒右毛虫疑似种（斜头目）的口区（G）和腹面观（H），G 中无尾箭头示肋状壁；CC. 尾纤毛；M1~3. 小膜 1~3；PM. 口侧膜（比例尺：A = 10 μm, B~E, G = 2 μm, F = 0.5 μm, H = 15 μm）

根据最新的系统学观点，尾缨目 Urocentrida 不作为咽膜亚纲的一员，因而该亚纲只包含咽膜目。

咽膜目 Peniculida　特征同亚纲的介绍（图 IV 和图 V）。但舟形虫科 Lembadionidae 形态较为特别：口区巨大，且小膜为一整片，不分化为典型的 3 片咽膜；表膜下不具刺丝泡。新近移入该目的拟篮管虫科 Paranassulidae，其咽微纤丝围绕构成咽篮，与其他科明显不同。

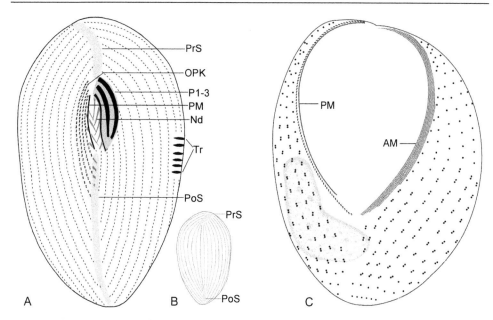

图 IV 咽膜亚纲咽膜目的一般形态（A 和 B 自作者；C 自 Liu et al., 2017）（彩图请扫封底二维码）
A 和 B. 典型咽膜亚纲成员的纤毛图式腹面观（A）和背面观（B）；C. 舟形虫科腹面观，示其不同于其他几个科的形态：口区巨大且小膜不分化，不具刺丝泡；AM. 口小膜；Nd. 咽微纤丝；OPK. 眉宇动基列；PM. 口侧膜；PoS. 口后缝合线；PrS. 口前缝合线；P1~3. 咽膜1~3；Tr. 刺丝泡

三、无性生殖过程中的纤毛器发生

（一）体纤毛器的发生

盾纤亚纲和咽膜亚纲的无性分裂通常为标准的横二分裂，偶见倾斜的横二分裂（图 VI-A，B）。形态发生过程中，体纤毛器的发生为体动基列内的基体增殖，以及向前、后两端延伸。在咽膜类中的研究表明，不同类群发生时其基体的增殖顺序和发生增殖的区域可能会有差异（图 VI-C，D）。

（二）口纤毛器的发生

口纤毛器的发生与类群所处的系统地位有着密切的关系，因而备受关注。已知纤毛虫的口器发生模式分为 5 种：端生型（apokinetal stomatogenesis）、口生型（buccokinetal stomatogenesis）、侧生型（parakinetal stomatogenesis）、远生型（telokinetal stomatogenesis）和混合型（mixokinetal stomatogenesis）（Foissner, 1996）。

其中，口生型是指口器发生过程中，口侧膜的毛基体参与后仔虫的口器形成。

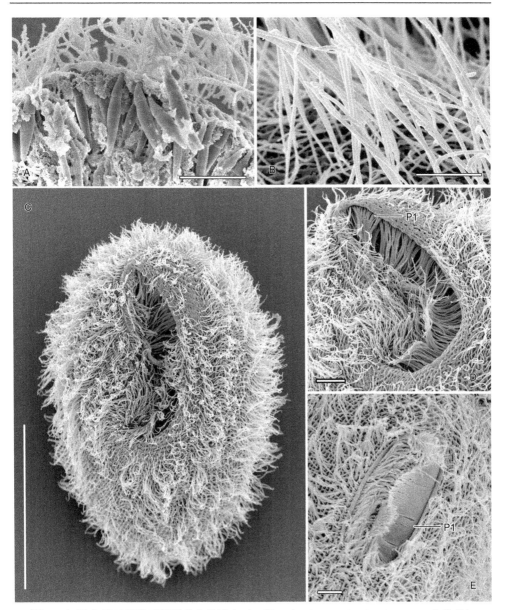

图 V　扫描电镜下咽膜亚纲纤毛虫的形态（A 和 E 自 Chen et al.，2014；B～D 自作者）
A. 前口虫定位于表膜下的刺丝泡；B. 草履虫射出后的刺丝泡；C 和 D. 马氏虫的腹面观（C）及口区（D）；E. 前口虫的口区；P1. 咽膜 1（比例尺：A, B, D, E = 5 μm；C = 25 μm）

盾纤亚纲和咽膜亚纲均属于这一类型，这也暗示了它们相对较近的亲缘关系。但是，二者在亚型上有所不同：盾纤亚纲属于盾片口生型（scuticobuccokinetal），咽膜亚纲则属于眉宇口生型（ophryobuccokinetal）。

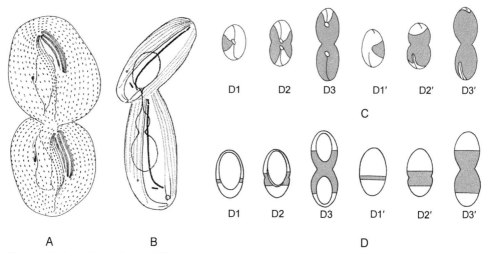

图 VI 盾纤亚纲和咽膜亚纲的横二分裂（A，B）及细胞发生过程中体纤毛基体增殖区域（灰色）在不同类群间的差异（C，D）（A 仿宋微波，1995a；B 仿 Hatzidimitriou & Berger, 1977；C 仿 Serrano et al., 1990；D 仿 Guinea et al., 1990）

A. 常见的标准横二分裂（尖前虫）；B. 倾斜的横二分裂（贻贝鱼钩虫）；C. 细胞发生过程中，口区右侧体纤毛基体先开始增殖，最终增殖区域几乎覆盖虫体（双旗口虫）；D. 细胞发生过程中，口区左右两侧毛基体同时开始增殖，最终增殖区仅覆盖虫体中部区域（舟形虫）；D1~3. 细胞发生早、中、晚期的腹面观；D1′~3′. 细胞发生早、中、晚期的背面观

1. 盾纤亚纲的口器发生

盾片口生型是指后仔虫的口器来源于口侧膜和位于口侧膜后部的盾片。在此类型之下，又可归纳出不同的发生模式，具体请参见马宏伟（2002）。

以长拟尾丝虫为例。后仔虫的口侧膜、小膜 1 和 2、盾片均来自老口侧膜分化产生的次级原基，其中口侧膜来源于次级原基前段，小膜 1 和 2、盾片来源于次级原基后段。后仔虫的小膜 3 来自老盾片增殖产生的初级原基。前仔虫的口侧膜及盾片来自老口侧膜残余部分的再分化，老口区小膜被前仔虫继承（图 VII）。

2. 咽膜亚纲的口器发生

眉宇口生型，即后仔虫的口器来源于口侧膜和眉宇动基列（如前口虫）或来源于口侧膜及其右侧的无序原基场（如草履虫）。

以尖前口虫为例。老口侧膜的右侧 1 列毛基体形成后仔虫的口原基，该原基内毛基体大量增殖并逐渐形成后仔虫的 3 片咽膜，在随后该原基和新结构向后迁移过程中，眉宇动基列部分基体加入该口原基中来，并继续产生后仔虫的口侧膜和眉宇动基列。老口侧膜左侧 1 列毛基体再分化形成前仔虫的口侧膜，老的 3 片咽膜和眉宇动基列被前仔虫继承（图 VIII）。

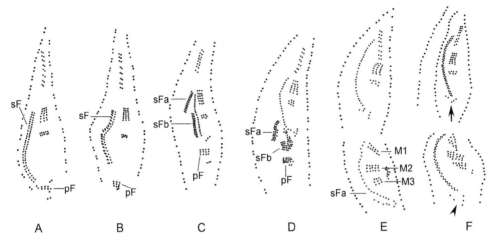

图 VII　盾纤亚纲纤毛虫的口器发生（以长拟尾丝虫为例，仿 Pan et al., 2011）

A 和 B. 老盾片产生初级原基，老口侧膜产生次级原基；C. 次级原基断裂为前、后两段，初级原基增殖；D. 次级原基前段形成口侧膜，后段形成小膜 2 和 3；E 和 F. 老小膜被前仔虫继承，老口侧膜再分化生成前仔虫完整的口侧膜和盾片（箭头），次级原基前段最终形成后仔虫的盾片（无尾箭头）及口侧膜；M1~3. 小膜 1~3；pF. 初级原基；sF. 次级原基；sFa. 次级原基前段；sFb. 次级原基后段

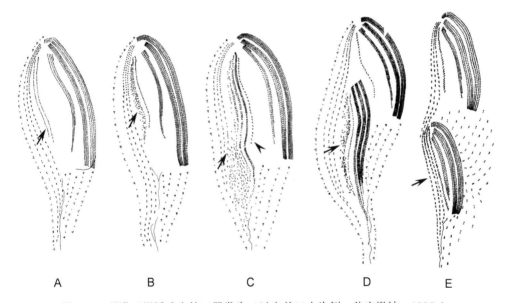

图 VIII　咽膜亚纲纤毛虫的口器发生（以尖前口虫为例，仿宋微波，1995a）

A 和 B. 老口侧膜右侧 1 列毛基体形成口原基（箭头）；C. 口原基形成后仔虫 3 片咽膜，眉宇动基列后部基体加入口原基（箭头中），老口侧膜左侧 1 列毛基体再分化形成前仔虫口侧膜（无尾箭头）；D. 口原基在后移过程中继续组装新的咽膜和口侧膜；E. 口原基形成新的眉宇动基列（箭头）

四、分子系统学与分类系统

（一）分子系统学

盾纤亚纲和咽膜亚纲同属于寡膜纲，随着近年来大量代表阶元的标记基因的测序和分子系统学分析，这两个亚纲在寡膜纲内的系统学位置已逐步确定，其内部的目、科级阶元的相互关系也陆续得以揭示。咽膜亚纲通常是位于寡膜纲较基部位置的单系群，但是基于不同的基因或者数据集，与膜口亚纲和缘毛亚纲三者之间的相互关系会有变化；盾纤亚纲不是一个单系群，主要是因为斜头目的成员总是与寡膜纲内两个比较特化的类群：无口亚纲 Astomatia 和后口亚纲 Apostomatia 聚在一起（图 IX）。

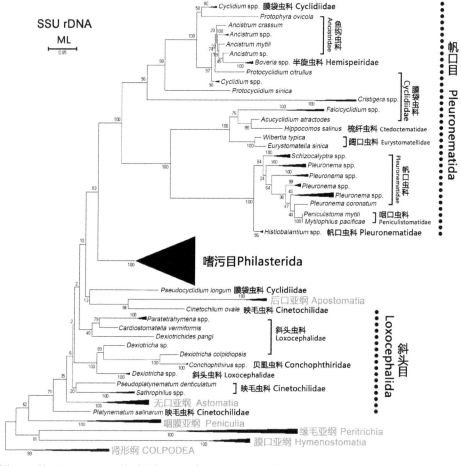

图 IX　基于 SSU rDNA 的系统树（示盾纤亚纲的内部阶元关系及其与其他亚纲的关系）（仿 Zhang et al.，2019 并作修改）

ML. 最大似然法

1. 盾纤亚纲分子系统学

帆口目与触毛目 帆口类为典型的自由生类群，而触毛类为共栖生类群，因而这两类在大多数系统中归为可截然区分的两个目。但是，基于细胞核和线粒体 SSU rDNA 的分子系统学分析表明，原归属于触毛目的鱼钩虫科和半旋虫科，总是与帆口目的膜袋虫科部分成员聚在一起（图 IX），因而有研究曾建议将触毛目合并入帆口目（Gao et al., 2013, 2016; Zhang et al., 2019）。在形态学上，这两个科的纤毛虫也具有发达的口侧膜和口区小膜，这在一定程度上支持这种新的划分。不仅如此，细胞发生学研究显示，在口原基的来源上，鱼钩虫科的成员鱼钩虫属与膜袋虫科 Cyclidiidae 的代表膜袋虫属 *Cyclidium* 均源于口侧膜与盾片残迹（Grolière, 1980; Hatzidimitriou & Berger, 1977）。因此，本书支持将原属于触毛目的鱼钩虫科和半旋虫科合并入帆口目。与此同时，Lynn（2008）系统中的其他触毛目成员：宫映毛虫科、拟褶口虫科、筐核虫科、原裸管虫科 Protanoplophryidae 和阿塞虫科 Azeridae，其标记基因序列未知，暂时没有明确的形态学理由将它们一同移入帆口目。其中，宫映毛虫科和拟褶口虫科已知在形态、口器发生上均与鱼钩虫科有较大差别，甚至曾有研究建议将其建立为独立的目级、亚纲级阶元（Ngassam et al., 1994; Jankowski, 2007; de Puytorac, 1994）。因而，本书的分类系统中仍将其他科保留在触毛目下，等待未来的研究确立它们真正的系统地位。

在帆口目内部，梳纤虫科 Ctedoctematidae 的代表鬃毛虫属 *Hippocomos* 与属于膜袋虫科的镰膜袋虫属 *Falcicyclidium* 和刺膜袋虫属 *Acucyclidium* 形成具高支持率的分支（图 IX），因而 Gao 等（2014）曾建议将这两个属归入梳纤虫科，并提出具有硬朗的表膜可能是它们的共同特征。但是，从纤毛图式上来看，相对于镰膜袋虫属和刺膜袋虫属，梳纤虫科的口侧膜向左侧延伸并不超过胞口（前两者口侧膜向左绕过胞口），另外，其小膜基体排列较规则，而且其中小膜 3 显著地垂直于虫体纵轴排列（前两者不具有此特征）。因此，另外的一个可能性是，这两个具硬表膜的属代表了与梳纤虫科亲缘关系较近的、与其他膜袋虫科成员互相独立的科级阶元。因此，本书暂时仍依据纤毛图式将镰膜袋虫属和刺膜袋虫属放在膜袋虫科内。

另外，基于 SSU rDNA 的分子系统学研究发现，原属于帆口目的贝虱虫科 Conchophthiridae 与斜头目关系更近（图 IX）（詹子锋，2012），而且其倾斜排列的口区小膜亦符合斜头目的特征。因而，本书将贝虱虫科安置于斜头目下。

斜头目 Jankowski（1964）首次提出将口区小膜倾斜排列为四膜虫样的盾纤类纤毛虫归为单独的斜头亚目；自 Li 等（2006）首次提出了分子系统学发育证据支持之后，这个类群被提升为斜头目。但随着代表种基因序列的积累，研究逐步发现，斜头目总是位于核心盾纤类的外围，并且不是一个单系群（图 IX）。例如，映毛虫属总是与后口亚纲聚在一起，而柔页虫属则与无口亚纲关系较近。系统树的近似无偏检验拒绝了该目为单源支的假设，不仅如此，属于该目的映毛虫科 Cinetochilidae 和斜头虫科 Loxocephalidae 的单源性，亦无法得到分子系统学证据支持（Gao et al.，2013；Zhang et al.，2011，2019）。因目级形态学性状尚可较好地概括该目，本书采纳斜头目这一阶元，但是，无论是该目在盾纤亚纲中的地位，还是该目下科级阶元的划分都有待更多的研究来确认。

嗜污目 基于细胞核及线粒体 SSU rDNA 的系统发育树均很好地支持嗜污目是一个单系群，但其内部诸多科级阶元的划分得不到系统树支持，科下诸多属的关系则更为混乱（图 X）（Gao et al.，2012a；Zhang et al.，2019）。例如，精巢虫

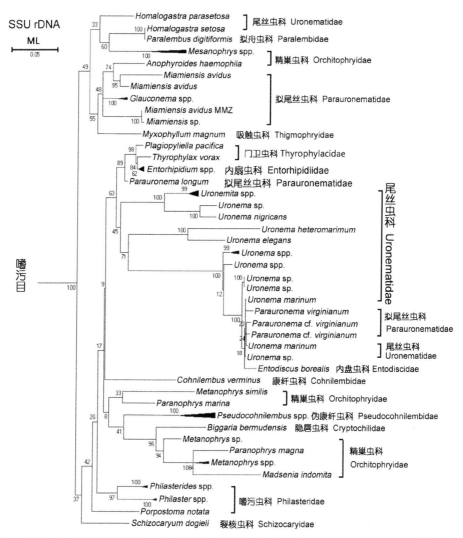

图 X 图 IX 系统树的局部展开（示嗜污目内部系统关系）（仿 Zhang et al.，2019 并作修改）
ML. 最大似然法

科 Orchitophryidae 的成员散布在处于不同位置的 3 个分支中，尾丝虫科 Uronematidae 亦不为单系群；而且在这些科内，同一个属（如后阿脑虫属 *Metanophrys*）的不同种类甚至同一个种（如贪食迈阿密虫 *Miamiensis avidus*）的不同种群，都显示了相对疏远的亲缘关系。再如，以拟尾丝虫为代表的拟伪丝虫科 Parauronematidae 为独立的一个科还是应被合并入尾丝虫科，也存在很大争议（Gao et al., 2012b）。但由于嗜污目各类纤毛虫纤毛图式相似度高，可用的分类学性状相对较少，至今无法对基于标记基因的系统发育关系提出更合理的形态学解释，本书暂时采用 Lynn（2008）的系统安排，更多的细胞发生学资料和超微结构信息或有助于打破这个困境。

2. 咽膜亚纲分子系统学

咽膜亚纲纤毛虫曾长时间被认为是膜口类纤毛虫，Corliss（1956）最初建立咽膜亚目 Peniculina，归纳其主要的分类学特征为具长带状看似融合的短纤毛，其毛基体整齐紧密排列。其同时指出，尾缨虫属（*Urocentrum*）的口器结构较特殊，介于原始的膜口类（四膜虫）与咽膜亚目中高度特化的成员（前口虫和草履虫）之间。Strüder-Kypke 等（2000）首次对咽膜亚纲进行分子系统学发育探讨，发现传统认为的咽膜亚纲成员分为两个大支：以尾缨虫属为代表的一支，以及包含前口虫属、草履虫属、舟形虫属 *Lembadion* 的一支。前者系统位置不定，有可能与膜口亚纲、盾纤亚纲关系较近，而后者是一个单系群。随着更多代表阶元的标记基因测序，后来的研究确认了尾缨虫属远离核心的咽膜类，与膜口类及缘毛类聚在一起，因而应代表一个独立的目级阶元；与此同时，咽膜目则被证实为一个稳定的单系群（图 XI）（Xu et al., 2018）。根据 Small 和 Lynn（1985）及 Xu 等（2018）的分析，咽膜目的共有衍征为：①体动基列为双动基系或以双动基系为主的单、双混合动基系；②口纤毛器大致纵向排列，平行于虫体纵轴。与之对应，尾缨目特征则可包括：①口纤毛器包含倾斜排列的小膜；②体动基列仅包含单动基系。也有学者提出另外一些区别：①尾缨目的口区不具有成束的咽微纤丝（咽膜目大部分类群具有该结构，但舟形虫科口区仅包含不发达的附属纤维）；②纤毛过渡区的超微结构显示尾缨类更接近膜口类和盾纤类；③尾缨目单动基系的横向微管较草履虫和前口虫更发达（Fokin, 1994）。综上，本书支持 Gao 等（2016）将尾缨目从咽膜亚纲移除，作为寡膜纲内的位置未定阶元。

在咽膜目内部，舟形虫科总是位于该目所有成员的最外围；草履虫科为一个单系群；由于马氏虫属 *Marituja* 与锥膜虫科 Stokesiidae 的成员双旗口虫属 *Disematostoma* 和锥膜虫属 *Stokesia* 高支持率地聚为一支，因而单型科马氏虫科 Maritujidae 作为晚出异名而被废弃（Xu et al., 2018）；前口虫科 Frontoniidae 成员分别与锥膜虫科和草履虫科显示有较近亲缘关系，因而不是一个单系群（图 XI）。

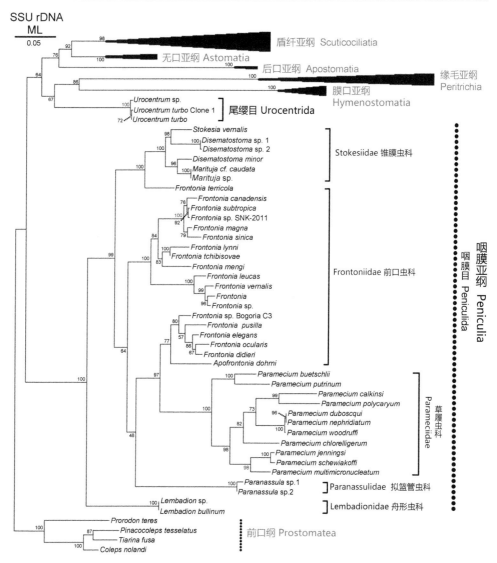

图 XI 基于 SSU rDNA 的系统树（示咽膜亚纲的内部阶元关系及其与其他亚纲的关系）（自 Xu et al., 2018 并作修改）

ML. 最大似然法

值得注意的是，曾被归为篮管纲的拟篮管虫 *Paranassula*，在 SSU rDNA 和 LSU rDNA 系统树中都显示出与咽膜类有较近的关系（图 XI）（Gao et al., 2016; Zhang et al., 2014）。Zhang 等（2014）认为其所隶属的拟篮管虫科应置于咽膜亚纲中作为一个独立的目；Gao 等（2016）也认为该科应归入咽膜目，但仍视为一个科。考虑到拟篮管虫科的形态特征（具有刺丝泡，口区较小，小膜可分化为多片）及咽膜目固有成员间的阶元划分，本书接受后者安排。已有分析表明，舟形虫科或因摄食方式的改变而导致刺丝泡的次生性丢失，而且简单的口区小膜（1组复动基系）被认为是未分化的，更接近祖先状态。而虫体具有刺丝泡、多片小膜及小膜附属有发达的咽微纤丝则可能是其他4个科的共有衍征（Strüder-Kypke et al., 2000; Xu et al., 2018）。

咽膜目系统学研究中存在的突出问题除了诸多科属的代表尚未进行标记基因测序，导致其科的合理性及该目的内部关系有待确认以外，还有前口虫科及其代表属前口虫属均不是单系群，而且从纤毛图式水平无进一步划分的可能性。解决此类问题，固然需要更多基因的验证，也极有可能要依靠分类学工作者从新的角度寻找形态学解释。

（二）分类系统

1. 代表性的分类系统

在盾纤亚纲及咽膜亚纲纤毛虫发现至今的350年中，主要的系统学安排的提出均在20世纪50年代之后。由于所处时代的技术发展水平不一，不同时代研究者所基于的客观证据不尽相同，早期的系统主要基于纤毛图式及其发生特征，如Corliss（1979），而后来的系统则可进一步结合超微结构和分子系统学分析，如Lynn（2008）。因此，不同系统在亚纲-目-亚目等高级阶元安排上存在的分歧尤为突出。从努力追求接近自然分类系统的角度来看，新系统无疑有更多客观证据的支撑，从而在一定程度可避免主观偏见。但因为不同系统学证据在不同阶元间并不平衡，尚无哪个系统可以毫无偏颇地顾及所有阶元。现将代表性分类系统罗列如下。请注意，其中仅体现了当今盾纤亚纲、咽膜亚纲和尾缨类成员在不同系统中所处的位置，无关的亚纲和目未悉数列出。

Corliss（1979）的系统

寡膜纲 Oligohymenophorea de Puytorac et al., 1974
  膜口亚纲 Hymenostomata Delage & Hérouard, 1896
    膜口目 Hymenostomatida Delage & Hérouard, 1896
      咽膜亚目 Peniculina Fauré-Fremiet in Corliss, 1956
    盾纤目 Scuticociliatida Small, 1967
      嗜污亚目 Philasterina Small, 1967
      帆口亚目 Pleuronematina Fauré-Fremiet in Corliss, 1956
      触毛亚目 Thigmotrichina Chatton & Lwoff, 1922
    无口目 Astomatida Schewiakoff, 1896

Small 和 Lynn（1985）的系统
*篮管纲 Nassophorea Small & Lynn, 1981

篮管亚纲 Nassophoria Small & Lynn, 1981
　　咽膜目 Peniculida Fauré-Fremiet in Corliss, 1956
　　　前口亚目 Frontoniina Small & Lynn, 1985
　　　草履亚目 Parameciina Jankowski in Small & Lynn, 1985
寡膜纲 Oligohymenophorea de Puytorac et al., 1974.
　　膜口亚纲 Hymenostomatia Delage & Hérouard, 1896
　　　盾纤目 Scuticociliatida Small, 1967
　　　　嗜污亚目 Philasterina Small, 1967
　　　　帆口亚目 Pleuronematina Fauré-Fremiet in Corliss, 1956
　　　　触毛亚目 Thigmotrichina Chatton & Lwoff, 1922
（*在其他系统中被认为是寡膜纲的咽膜目，在该系统中与典型篮管类一起置于篮管纲）

de Puytorac（1994）的系统
寡膜纲 Oligohymenophorea de Puytorac et al., 1974
　　咽膜亚纲 Peniculia Fauré-Fremiet in Corliss, 1956
　　　咽膜目 Peniculida Fauré-Fremiet in Corliss, 1956
　　　　前口亚目 Frontoniina Small & Lynn, 1985
　　　　草履亚目 Parameciina Jankowski in Small & Lynn, 1985
　　　尾缨目 Urocentrida Jankowski, 1980
　　盾纤亚纲 Scuticociliatia Small, 1967
　　　嗜污目 Philasterida Small, 1967
　　　　斜头亚目 Loxocephalina Jankowski, 1964
　　　　嗜污亚目 Philasterina Small, 1967
　　　　伪康纤亚目 Pseudocohnilembida Evans & Thompson, 1964
　　　帆口目 Pleuronematida Fauré-Fremiet in Corliss, 1956
　　　　帆口亚目 Pleuronematina Fauré-Fremiet in Corliss, 1956
　　　　触毛亚目 Thigmotrichina Chatton & Lwoff, 1922
　　*宫映毛亚纲 Hysterocinetia Diesing, 1866
　　　*宫映毛目 Hysterocinetida Diesing, 1866
（*在其他系统中归为触毛目/亚目的宫映毛虫科 Hysterocinetidae、拟褶口虫科 Paraptychostomidae，在该系统归入1个目并视为独立的亚纲级阶元）

Small 和 Lynn（2002）的系统
寡膜纲 Oligohymenophorea de Puytorac et al., 1974

咽膜亚纲 Peniculia Fauré-Fremiet in Corliss, 1956
　　　咽膜目 Peniculida Fauré-Fremiet in Corliss, 1956
　　　　前口亚目 Frontoniina Small & Lynn, 1985
　　　　草履亚目 Parameciina Jankowski in Small & Lynn, 1985
　　盾纤亚纲 Scuticociliatia Small, 1967
　　　嗜污目 Philasterida Small, 1967
　　　帆口目 Pleuronematida Fauré-Fremiet in Corliss, 1956
　　　触毛目 Thigmotrichida Chatton & Lwoff, 1922

Jankowski（2007）的系统
寡膜纲 Oligohymenophorea de Puytorac et al., 1974
　　咽膜亚纲 Peniculia Fauré-Fremiet in Corliss, 1956
　　　咽膜目 Peniculida Fauré-Fremiet in Corliss, 1956
　　　　前口亚目 Frontoniina Small & Lynn, 1985
　　　　草履亚目 Parameciina Fromentel, 1874
　　　　舟形亚目 Lembadionina Jankowski, 1980
　　　　尾缨亚目 Urocentrina Jankowski, 1980
　　膜口亚纲 Hymenostomatia Delage & Hérouard, 1896
　　　盾纤目 Scuticociliatida Small, 1967
　　　　斜头亚目 Loxocephalina Jankowski, 1980
　　　　嗜污亚目 Philasterina Small, 1967
　　　　帆口亚目 Pleuronematina Fauré-Fremiet in Corliss, 1956
　　　拟口目 Parastomatida Jankowski, 2007
　　　触毛目 Thigmotrichida Chatton & Lwoff, 1922
　　　宫映毛目 Hysterocinetida Jankowski, 1973

Lynn（2008）的系统
寡膜纲 Oligohymenophorea de Puytorac et al., 1974
　　咽膜亚纲 Peniculia Fauré-Fremiet in Corliss, 1956
　　　咽膜目 Peniculida Fauré-Fremiet in Corliss, 1956
　　　尾缨目 Urocentrida Jankowski, 1980
　　盾纤亚纲 Scuticociliatia Small, 1967
　　　嗜污目 Philasterida Small, 1967
　　　帆口目 Pleuronematida Fauré-Fremiet in Corliss, 1956
　　　触毛目 Thigmotrichida Chatton & Lwoff, 1922

2. 本书的分类系统

本书采用的分类系统主要是在 Lynn（2008）系统的基础上综合了近年来分子系统学研究（Gao et al.，2012a，2012b，2013，2014，2016；Xu et al.，2018）的新观点建立的。除增加了 2008 年之后报道的部分新阶元外，主要变化为：咽膜亚纲仅包含咽膜目（尾缨目移出该亚纲），而咽膜目新包含了原属于篮管纲的拟篮管虫科。在盾纤亚纲中，将原属于触毛目的鱼钩虫科和半旋虫科合并入帆口目，其他科仍保留于触毛目内；仍承认斜头目为该亚纲一员，该目新增自帆口目转移来的贝虱虫科。已知科级阶元悉数罗列，仅本书涉及的属列于所隶属的科之下。

寡膜纲 Oligohymenophorea de Puytorac, Batisse, Bohatier, Corliss, Deroux, Didier, Dragesco, Fryd-Versavel, Grain, Grolière, Hovasse, Iftode, Laval, Roque, Savoie & Tuffrau, 1974

  盾纤亚纲 Scuticociliatia Small, 1967

    帆口目 Pleuronematida Fauré-Fremiet in Corliss, 1956

      阔口虫科 Eurystomatellidae Miao, Wang, Song, Clamp & Al-Rasheid, 2010

        阔口虫属 *Eurystomatella* Miao, Wang, Song, Clamp & Al-Rasheid, 2010

        维尔伯特虫属 *Wilbertia* Fan, Miao, Al-Rasheid & Song, 2009

      梳纤虫科 Ctedoctematidae Small & Lynn, 1985

        鬃毛虫属 *Hippocomos* Czapic & Jordan, 1977

      纤袋虫科 Histiobalantiidae de Puytorac & Corliss in Corliss, 1979

        纤袋虫属 *Histiobalantium* Stokes, 1886

      膜袋虫科 Cyclidiidae Ehrenberg, 1838

        发袋虫属 *Cristigera* Roux, 1899

        刺膜袋虫属 *Acucyclidium* Gao F, Gao S, Wang, Katz & Song, 2014

        镰膜袋虫属 *Falcicyclidium* Fan, Hu, Al-Farraj, Clamp & Song, 2011

        原膜袋虫属 *Protocyclidium* Alekperov, 1993

        伪膜袋虫属 *Pseudocyclidium* Small & Lynn, 1985

        膜袋虫属 *Cyclidium* Müller, 1773

      帆口虫科 Pleuronematidae Kent, 1881

        帆口虫属 *Pleuronema* Dujardin, 1841

        裂纱虫属 *Schizocalyptra* Dragesco, 1968

      鱼钩虫科 Ancistridae Issel, 1903

        鱼钩虫属 *Ancistrum* Maupas, 1883

      半旋虫科 Hemispeiridae König, 1894

        后口虫属 *Boveria* Stevens, 1901

触发虫科 Thigmocomidae Kazubski, 1958
德氏虫科 Dragescoidae Jankowski, 1980
咽口虫科 Peniculistomatidae Fenchel, 1965
鞘毛虫科 Calyptotrichidae Small & Lynn, 1985

嗜污目 Philasterida Small, 1967
 吸触虫科 Thigmophryidae Chatton & Lwoff, 1926
  吸触虫属 *Thigmophrya* Chatton & Lwoff, 1923
  粘叶虫属 *Myxophyllum* Raabe, 1934
 隐唇虫科 Cryptochilidae Berger in Corliss, 1979
  彼格虫属 *Biggaria* Aescht, 2001
 康纤虫科 Cohnilembidae Kahl, 1933
  康纤虫属 *Cohnilembus* Khal, 1933
 伪康纤虫科 Pseudocohnilembidae Evans & Thompson, 1964
  伪康纤虫属 *Pseudocohnilembus* Evans & Thompson, 1964
 拟舟虫科 Paralembidae Corliss & de Puytorac in Small & Lynn, 1985
  拟舟虫属 *Paralembus* Kahl, 1933
 内扇虫科 Entorhipidiidae Madsen, 1931
  内扇虫属 *Entorhipidium* Lynch, 1929
 嗜污虫科 Philasteridae Kahl, 1931
  嗜污虫属 *Philasterides* Kahl, 1931
  麦德申虫属 *Madsenia* Kahl, 1934
  污栖虫属 *Philaster* Fabre-Domergue, 1885
  针口虫属 *Porpostoma* Möbius, 1888
 尾丝虫科 Uronematidae Thompson, 1964
  偏尾丝虫属 *Apouronema* Pan M, Chen, Liang & Pan X, 2020
  小尾丝虫属 *Uronemita* Jankowski, 1980
  尾丝虫属 *Uronema* Dujardin, 1841
  平腹虫属 *Homalogastra* Kahl, 1926
 精巢虫科 Orchitophryidae Cépède, 1910
  拟异阿脑虫属 *Paramesanophrys* Pan X, Fan, Al-Farraj, Gao & Chen, 2016
  拟阿脑虫属 *Paranophrys* Thompson & Berger, 1965
  异阿脑虫属 *Mesanophrys* Small & Lynn in Aescht, 2001
  后阿脑虫属 *Metanophrys* de Puytorac, Grolière, Roque & Detcheva, 1974
 拟尾丝虫科 Parauronematidae Small & Lynn, 1985

迈阿密虫属 *Miamiensis* Thompson & Moewus, 1964
拟瞬膜虫属 *Glauconema* Thompson, 1966
拟尾丝虫属 *Parauronema* Thompson, 1967
内盘虫科 Entodiscidae Jankowski, 1973
裂核虫科 Schizocaryidae Jankowski, 1979
门卫虫科 Thyrophylacidae Berger in Corliss, 1961
尾带虫科 Urozonidae Grolière, 1975

斜头目 Loxocephalida Jankowski, 1980
  贝虱虫科 Conchophthiridae Kahl in Doflein & Reichenow, 1929
    贝虱虫属 *Conchophthirus* Stein, 1861
  斜头虫科 Loxocephalidae Jankowski, 1964
    心口虫属 *Cardiostomatella* Corliss, 1960
    拟四膜虫属 *Paratetrahymena* Thompson, 1963
    类右毛虫属 *Dexiotrichides* Kahl, 1931
    右毛虫属 *Dexiotricha* Stokes, 1885
  映毛虫科 Cinetochilidae Perty, 1852
    映毛虫属 *Cinetochilum* Perty, 1849
    伪扁丝虫属 *Pseudoplatynematum* Bock, 1952
    柔页虫属 *Sathrophilus* Corliss, 1960

触毛目 Thigmotrichida Chatton & Lwoff, 1922
  宫映毛虫科 Hysterocinetidae Diesin, 1866
  拟褶口虫科 Paraptychostomidae Ngassam, de Puytorac & Grain, 1994
  原裸管虫科 Protanoplophryidae Miyashita, 1929
  筐核虫科 Nucleocorbulidae Santhakumari & Nair, 1970
  阿塞虫科 Azeridae Alekperov, 1985

咽膜亚纲 Peniculia Fauré-Fremiet in Corliss, 1956
  咽膜目 Peniculida Fauré-Fremiet in Corliss, 1956
    舟形虫科 Lembadionidae Jankowski in Corliss, 1979
      舟形虫属 *Lembadion* Perty, 1849
    草履虫科 Parameciidae Dujardin, 1840
      草履虫属 *Paramecium* Müller, 1773
    前口虫科 Frontoniidae Kahl, 1926

前口虫属 *Frontonia* Ehrenberg, 1838
锥膜虫科 Stokesiidae Roque, 1961
　马氏虫属 *Marituja* Gajewskaja, 1928
　双旗口虫属 *Disematostoma* Lauterborn, 1894
格口虫科 Clathrostomatidae Kahl, 1926
新袋虫科 Neobursaridiidae Dragesco & Tuffrau, 1967
拟篮管虫科 Paranassulidae Fauré-Fremiet, 1962

五、生态及地理分布

盾纤亚纲纤毛虫广泛分布于全球海洋（包括潮间带底质）、淡水、土壤等生境内，也见于一些极端环境，如极地冰川、高盐水体。生活方式为自由生、兼性寄生和寄生/共栖生。该类群普遍具有高度嗜污性，因此极易在富营养化水体中大量繁殖。兼性寄生者可机会性感染甲壳动物和鱼并导致后者发生疾病。共栖生种类可栖居于软体动物外套腔、鳃，棘皮动物体表、消化道、呼吸树，以及环节动物肠道。

咽膜亚纲纤毛虫全球广布，虽有种类共栖生于文昌鱼的鳃上，但普遍为自由生。除前口虫属和草履虫属部分种类见于半咸水或海洋外，大部分咽膜亚纲纤毛虫见于淡水生境。绝大部分种类为藻食性或菌食性，少数为肉食性。很多种类具有共生藻或共生菌。多个属为典型的浮游生类型。

六、研究方法

（一）自由生类群的采集与培养

1. 采集方法

（1）直接采水：在富含水生植物、富营养化的水体及有底层沉积物的浅水，将水及其中的植物、沉积物搅动后，用广口采样瓶（500 ml）直接舀取水样，适当包括一些沉积物、植物碎屑等。

（2）人工基质富集：在有一定深度的水域，利用载玻片框或海绵块作为人工基质，将其悬挂于水体合适深度，富集1周左右后取回。对于载玻片框，将1至数片载玻片直接放入培养皿中观察；对于海绵块，将其反复挤压直至其吸收的水和富集的生物挤出至容器中，然后移至培养皿中静置观察。

（3）沙滤：对于海滨潮间带或淡水湖边的平缓沙滩，直接取表层约5 cm的沙和原位水带回，然后将沙置于具纱网封底的滤器中，用原位水反复冲洗虫体至培养皿中。或在沙滩上挖约10 cm深的坑，待周围水渗入坑内（周围的沙起到一定的过滤作用）后取水带回。

（4）浮游生物网富集：在有一定深度的开放水域，用 20 μm 左右孔径的浮游生物网反复富集。用广口瓶带回后倒入培养皿中，虫体密度过高时可稀释。该方法适用于少数浮游咽膜类。

（5）采集土壤：直接铲取表层 0～10 cm 土样，带回、晾干后，用非淹没培养法（Foissner, 1987）获取虫体。

2. 分离虫体

将含有虫体的水样置于培养皿中，在解剖镜下，利用微吸管挑取目标虫体。

3. 培养

（1）一般培养：在室温下，将麦粒/米粒置于干净的原位水中发酵产生细菌，之后接种入纤毛虫。视室内温度情况，可能需要数天时间可见纤毛虫大量繁殖。

（2）快速培养：对于部分盾纤类，在煮沸后的水中加入牛肉浸膏（浓度约为 30 g/L），然后接种入纤毛虫，放入 26～28℃培养箱内培养。视接种浓度和物种的不同，可在 24～48h 达到繁殖高峰。

（二）寄生/共栖生类群的采集与分离

1. 贝类寄生/共栖生纤毛虫的采集与分离

用解剖刀切断闭壳肌后打开外壳，取其外套腔的液体直接镜检，或用过滤海水冲刷外套膜和鳃等部位，以培养皿收集后镜检，或用镊子把鳃和外套膜撕下置于盛有抽滤海水的培养皿中，待虫体游离后用微吸管分离纤毛虫。

2. 棘皮动物寄生/共栖生纤毛虫的采集与分离

从肛门处剖开海参腹面体壁，取出呼吸树或消化道并放入盛有过滤海水的培养皿中，用解剖针挑破呼吸树或消化道的外壁后，用微吸管吸取游出的纤毛虫。

（三）活体观察

在解剖镜下直接观察培养皿中虫体自由运动特征（游泳速度、体位变化、纤毛摆动情况等）、体形、体色（部分类群个体较小，需借用显微镜）；用微吸管吸取适量虫体进行活体压片（Dragesco & Dragesco, 1986），在显微镜下观察虫体细胞大小、外形、纤毛器（口纤毛、尾纤毛、刚毛等的长短、形态及黏附性、趋触性等特点）、皮层结构（棘刺、表膜隆起与缺刻、皮层颗粒/射出胞器）、伸缩泡（数目、位置、收缩周期、伸缩泡开孔的数目和位置、有无收集管等）、胞质情况（色素斑、特异性折光颗粒的位置和形态，食物泡的大小、分布特征、内含物）等。

（四）银染色法

对于盾纤类纤毛虫，一般应用蛋白银法（Wilbert，1975）和氨银法（Fernández-Galiano，1976；Ma et al.，2003）显示纤毛图式和核器，同时利用硝酸银法（Chatton-Lwoff，1930）显示银线系（银线网格、胞肛、伸缩泡开孔、口肋、射出体）。

对于咽膜类纤毛虫，一般需要利用氨银法显示纤毛图式和核器，利用硝酸银法显示更细致的口纤毛器结构和银线系。因刺丝泡的干扰，若采用蛋白银法通常只能显示口区结构。

上述方法均可制成临时装片和永久制片，但氨银染色永久制片效果较差。

（五）制片观察及绘图

在显微镜 1000×放大倍数下观察临时或永久制片，利用目镜测微尺进行测量，利用显微绘图器辅助进行纤毛图式、核器特征、银线系的绘制。

观察要点包括：口区位置；口侧膜的形状及其起始与终止位置，3 片小膜的毛基体构成、形状及相对位置（相对胞口、小膜及口侧膜等）；体动基列的数量，前、后端延伸的位置，毛基体的分布规律（单、双动基系的比例、排布紧密程度等）；银线系的形态，射出体的排列规律，伸缩泡开孔的数量与位置及尾毛复合体的形态。

（六）名词术语

本书涉及的名词术语参照 Lynn（2008）释义。

皮层（cortex）：广义上指原生动物的外表部分或外层，有时指细胞外膜层。在纤毛虫中它包括表膜、纤毛及广义的纤毛下结构。它的各类开口、脊、表膜泡、具有纤毛的基体和附属微管等构成了具有种类特异性的皮层模式。

表膜（pellicle）：皮层外侧的"活性"区域，位于非活性的细胞质衍生物之下。包括质膜（细胞膜）和单位膜构成的表膜泡，还经常包括膜下与之紧密联系的纤维状表质层。

毛基体（kinetosome 或 basal body）：中心粒的同源结构，在表膜下垂直于细胞表面向内发出的圆柱体，包含 9 组间隔相同的、扭曲的三联体微管，为鞭毛或纤毛的生发基础。最典型的大小为长 1.2 μm，直径 0.25～0.3 μm。其远端产生纤毛（但不一定长有纤毛）。

口区（buccal area）：具有口器的、围绕胞口的区域。本词也常译为 oral area，但其表意更笼统，所指范围可能更宽泛。

口腔（buccal cavity）：位于虫体腹面的一个较深的凹陷，常接近前端。通常有相当深度，但有时平展或外翻。包含口复动基系或复合纤毛器的基部，通向胞口-胞咽系统，有时要经由自身特化形成的漏斗（infundibulum）。常用于形容寡膜纲纤毛虫，被认为是异毛类和旋唇类的围口部的对等结构。

口肋（oral rib）：寡膜纲某些纤毛虫口腔内非裸露的壁上所具有的嗜银染的表膜脊突。在超微结构观察中可以看出它们与位于右侧的口侧膜的动基系相联系。具有口肋的口腔右侧壁称肋状壁（ribbed wall）。

口器（buccal apparatus）：指位于口区的所有口复动基系或复合纤毛器。包括口侧膜、广义的口区小膜和它们的表膜下附属结构及围口纤毛器。整个器官的功能主要为取食，偶尔用于运动。

胞口（cytostome）：细胞的口，包括真正的口及口部开孔。它是一个二维结构，食物通过它进入机体的内质（经由一明显或不明显的胞咽，胞咽紧接胞口以内）。它可能直接开口于外界，也可能存在于口区的凹陷内（如口前腔、口腔或前庭腔、围口腔）。

小膜（membranelle）：构成连续排列的口区纤毛复合器或其中一个基本单元的纤毛结构，通常位于口腔左侧。

咽膜（peniculus）：小膜的一种或口区复动基系的特殊形式，围绕在某些咽膜类纤毛虫（如草履虫）口腔的左壁上，其形式为长带状基体着生融合为膜的较短纤毛，在宽度上通常为3～7列毛基体（多者可达11列毛基体），两端渐狭。

口侧膜（paroral membrane）：属于口纤毛器范围，与摄食有关。本术语有时用得较宽泛，具有如下基本结构特征：毛基体呈锯齿状排列，为一单一结构并具有特殊的起源，位于口腔右侧。

眉宇动基列（ophryokinety）：1或多列体动基列样纤毛列，一般包含诸多由1个双动基系和1个侧体囊组成的结构单位，位于腹面靠前端、在口腔的右侧，是广义口纤毛器的一部分，因而被认为是围口纤毛器的一种。在咽膜类纤毛虫中，该结构的发生可能起源于口原基。该结构曾在诸多种类描述文献中被不合适地称为前庭动基列、围口动基列。

咽微纤丝（nematodesma）：由平行排列的微管所构成的双折射束，其横切面通常呈六棱形。通常由毛基体发出或至少与毛基体相联系，与表膜垂直深入细胞质中，与其他结构一起构成钩刺类、篮管类、管口类纤毛虫胞咽器的强化装置。咽膜亚纲的前口虫等类群中也存在该结构。在早前的光学显微水平研究中被认为是刺杆、胞咽篮、胞咽杆。

盾片（scutica）：盾纤类（及部分其他类群）纤毛虫中临时性的复合基体结构或细胞器，出现时通常不具有纤毛。若在口器发生后不消失，则存在于口后。

动基系（kinetid）：纤毛虫皮层上基本的重复性细胞器复合体。动基系基本上由 1 个（或 1 对甚至更多）毛基体和与之紧密联系的特定结构或细胞器组成。通常后者包括纤毛、某一区域的单位膜、表膜泡、动纤丝及各种带、横纹或者微管束（包括咽微纤丝），有时也包括微纤丝、肌丝、侧体囊和射出体。1 个动基系包含 1 个毛基体和其附属纤维时，称单动基系（monokinetid）；1 个动基系包含 2 个毛基体和其附属纤维时，称双动基系（dikinetid）。

动基列（kinety）：1 个结构和功能一体化的动基系单元，通常呈纵向排列，可能由单动基系、双动基系或复动基系构成。其祖先状态被认为应是两极的；断裂的、插入的、部分的及缩短的被认为是派生态。可利用其不对称性辨别虫体的前端和后端。不用来指代口区纤毛器。

体动基列（somatic kinety）：分布限制于体区（与口区相对，即与口区结构联系不紧密的体表各部分）的动基列。口区右侧第 1 列体动基列称为第 1 列体动基列（somatic kinety 1）；从第 1 列体动基列起始，顺时针计数所有体动基列时的最后 1 列，一般为口区左侧第 1 列，称为第 n 列体动基列（somatic kinety n，SKn）。

口后体动基列（postoral somatic kinety）：前端延伸至口区后方的腹面体动基列。

口前体动基列（preoral somatic kinety）：尤指帆口虫中，后端延伸至口侧膜末端前部的腹面体动基列。

定向子午线（director meridian）：虫体腹面中线处不具毛基体的嗜银线，从口腔后沿延伸至位于体后端的胞肛。常有无纤毛杆的毛基体位于其前端。其位置是口器发生场所的一部分。为寡膜纲尤其是盾纤类的特征性结构。

缝合线（suture line）：身体不同部分（表面）或其覆盖层上的缝状接口或联合（如有孔虫的两腔室或两螺层之间，腰鞭虫的表膜板间，粘孢子虫连续不断的壳片间等）。在纤毛虫中，指身体表面上的动基列左右汇合而成的缝线。

口后缝合线（postoral suture）：1 条位于腹面中线、自口区后方延伸至虫体末端甚至背面的缝合线，背腹面体动基列的末端汇聚于此。

口前缝合线（preoral suture）：1 条位于腹面中线、自口区前方延伸至虫体顶端的短缝合线，许多背腹面的体动基列前端在此汇聚。

射出体（extrusome）：位于皮层中由膜包围的、可射出的细胞器，尤其见于纤毛虫。这是一个泛化的术语，用于指代各种不同类型的结构（或许是异源的），如盘形刺胞、纤丝泡、系丝泡、产胶体、黏液泡、刺丝囊、杆丝泡及毒丝泡。在某些合适的化学或机械刺激下常发生射出现象。其中，黏液泡和刺丝泡分别存在于盾纤类和咽膜类中。

伸缩泡（contractile vacuole）：一种充满液体的细胞器（单个或多个）。自然状态下，伸缩泡通常有规律的收缩频率，舒张至一定大小后收缩，经 1 或多个孔将含代谢废物的内含物排出体外。

伸缩泡开孔（contractile vacuole pore 或 excretory pore）：皮层和表膜上永久存在的小孔，具有嗜银染的边缘和由微管支持的管道。通过该孔伸缩泡将内含物排出体外；伸缩泡开孔是构成皮层模式的结构，其数量及位置较稳定，因此具有分类学参考价值。

胞肛（cytoproct）：细胞的肛门，若存在于某一种类，则为表膜上一永久结构，狭缝状，靠近虫体后端，机体代谢产物从中排出；其边缘类似一种表膜脊突，被微管加固，嗜银染。

银线系（silverline-system）：整个纤毛虫表膜系统或皮层结构、细胞器等可被银浸技术显示的条格或网络状结构。通常是皮层微管或表膜泡银染后的显示，因而具有重要分类学价值。虽然与表膜下纤毛系在有些组成结构（如毛基体）上重合，但二者不完全相同。

大核（macronucleus）：又称营养核。纤毛虫体内具转录和生理活性的核，主管机体的表现型，可能为多个。纤毛虫中除核残类为二倍体外，其他类群一律为多倍体。大核通常呈致密的球形或椭球形，有时会呈现其他各种形状，内含许多核仁。进行无丝分裂，在有性生殖中大核将被吸收并被合子核产物所取代。

小核（micronucleus）：又称生殖核，比大核小得多，可以有多个，通常为球形或卵形，基因组为二倍体。无核仁，无转录活性。进行有丝分裂或减数分裂，在自体受精及接合生殖中扮演着重要的角色（它的某些产物可以生成大核）。它在无小核种类中的缺失表明了对于所谓的营养生长期来说，小核并不是必不可少的。

各 论

盾纤亚纲 Scuticociliatia Small, 1967

一、帆口目 Pleuronematida Fauré-Fremiet in Corliss, 1956

虫体较小至中等（个别类群较大），卵圆形或长椭圆形。体纤毛遍布虫体，具有尾纤毛，部分类群具有趋触性纤毛。口区较阔大，口侧膜发达，形成帆状或帘状，口腔壁具有明显的口助。

该目全球记载 11 科，中国记录 7 科。

科检索表

1. 口侧膜近乎闭合、呈环状 ······················· 阔口虫科 Eurystomatellidae
   口侧膜不呈环状 ··· 2
2. 表膜显著硬实 ······························· 梳纤虫科 Ctedoctematidae
   表膜不硬实 ··· 3
3. 口区小膜分布区占口区前 1/3 ····················· 纤袋虫科 Histiobalantiidae
   口区小膜分布区占口区 1/2 或以上 ·· 4
4. 虫体较小，胞口通常位于赤道线之前 ··················· 膜袋虫科 Cyclididae
   虫体中等大小，胞口通常位于赤道线之后 ·································· 5
5. 自由生，无趋触性纤毛区 ························· 帆口虫科 Pleuronematidae
   共栖生，具有趋触性纤毛区 ·· 6
6. 口区长通常近于体长 ································ 鱼钩虫科 Ancistridae
   口区通常占据体后 1/3 ····························· 半旋虫科 Hemispeiridae

（一）阔口虫科 Eurystomatellidae Miao, Wang, Song, Clamp & Al-Rasheid, 2010

Eurystomatellidae Miao, Wang, Song, Clamp & Al-Rasheid, 2010, Int. J. Syst. Evol. Microbiol., 60: 460-468

虫体较小。口区极显著，占据虫体腹面大部分区域；口侧膜发达，近乎闭合；口区 3 片小膜位于虫体顶端，互相紧靠；胞口位于虫体前半部。

该科已知 2 属，均仅记载于中国。

属检索表

1. 口区 3 片小膜非平行排列 ···························· 阔口虫属 *Eurystomatella*

口区 3 片小膜近乎平行排列 ·· 维尔伯特虫属 *Wilbertia*

1. 阔口虫属 *Eurystomatella* Miao, Wang, Song, Clamp & Al-Rasheid, 2010

Eurystomatella Miao, Wang, Song, Clamp & Al-Rasheid, 2010, Int. J. Syst. Evol. Microbiol., 60: 460-468. 模式种: *Eurystomatella sinica* Miao, Wang, Song, Clamp & Al-Rasheid, 2010

形态 口区阔大，口侧膜围绕腹面形成近乎闭合的一圈，3 片小膜紧密排列于口区顶端、口侧膜前后两端之间的缺口处。

种类及分布 该属全球仅在中国记载 1 种，发现于山东青岛沿海。

（1）中华阔口虫 *Eurystomatella sinica* Miao, Wang, Song, Clamp & Al-Rasheid, 2010（图 1）

Eurystomatella sinica Miao, Wang, Song, Clamp & Al-Rasheid, 2010, Int. J. Syst. Evol. Microbiol., 60: 460-468

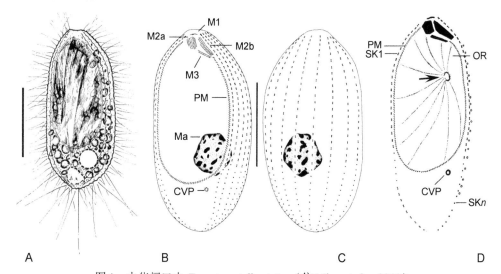

图 1　中华阔口虫 *Eurystomatella sinica*（仿 Miao et al., 2010）
A. 活体腹面观；B 和 C. 纤毛图式腹面观（B）和背面观（C）；D. 口区结构，箭头示胞口；CVP. 伸缩泡开孔；Ma. 大核；M1. 小膜 1；M2a. 小膜 2 前部分；M2b. 小膜 2 后部分；M3. 小膜 3；OR. 口肋；PM. 口侧膜；SK1、n，第 1 列和第 n 列体动基列（比例尺：25 μm）

形态 活体大小约 60 μm × 30 μm，腹面观长椭圆形；背腹扁平，宽厚比约为 2∶1。口区分别占虫体长、宽的 75%与 70%。表膜硬朗，具有明显的缺刻；活体状态下未观察到射出体。胞质无色透明至浅灰色，通常内含大量的食物颗粒。多数个体只有 1 枚椭球形大核，少数个体具多枚。1 枚伸缩泡，位于体长后 1/5、体中线偏左处，直径约 8 μm，未见收缩。1 个形状不规则的大食物泡，常见于虫体后端。体纤毛长约 10 μm；口纤毛长 30～40 μm，倒伏于口区内并朝向体后方；

尾纤毛约 10 根，长约 30 μm，放射状排列。

运动方式为突然开始迅速游动并绕虫体纵轴旋转，之后长时间地静止在培养皿底部，伴随所有体纤毛乍起。

13~15 列体动基列，终止于顶端的裸毛区。大部分体动基列前 1/2 由双动基系构成，后 1/2 则由单动基系构成；第 1 列体动基列全部由双动基系构成。

口侧膜由虫体顶端起始，绕腹面后终止于前端，形成近乎闭合的 1 圈。小膜 1 通常由 1 列毛基体构成；小膜 2 由两部分构成：前部分由 7 列毛基体构成，后部分由 4 列毛基体构成；小膜 3 含 2~4 列毛基体，邻近口侧膜末端。无盾片结构。

标本采集 2008 年 6 月 15 日采集于山东青岛潮间带沙滩，水温约 18℃，盐度约 31‰。

标本保藏 正模标本片保存于英国自然历史博物馆（编号：2009：3：24：1），1 张副模标本片保存于中国海洋大学原生动物学研究室（编号：MM-20080806-05-03）。

2. 维尔伯特虫属 *Wilbertia* Fan, Miao, Al-Rasheid & Song, 2009

Wilbertia Fan, Miao, Al-Rasheid & Song, 2009, J. Eukaryot. Microbiol., 56: 577-582. **模式种**: *Wilbertia typica* Fan, Miao, Al-Rasheid, Song, 2009

形态 3 片口区小膜位于口侧膜之前，近乎平行排列，小膜 1 和小膜 2 明显发达，小膜 3 较小。

种类及分布 该属全球已知 1 种，发现于山东青岛沿海。

（2）典型维尔伯特虫 *Wilbertia typica* Fan, Miao, Al-Rasheid & Song, 2009（图 2）

Wilbertia typica Fan, Miao, Al-Rasheid & Song, 2009, J. Eukaryot. Microbiol., 56: 577-582

形态 活体大小约 55 μm × 25 μm，腹面观长椭圆形；背腹扁平，宽厚比约为 2：1；虫体前端向右侧弯曲，形成鸟喙状突起。活体状态下未观察到射出体。口区显著，分别约占虫体长、宽的 75%与 40%。胞质透明无色，常含数量不等的绿色食物颗粒。1 枚大核，近体中部。1 枚伸缩泡，直径约 8 μm，位于虫体腹面近尾端 1/4 处，收缩周期约 60 s；伸缩泡开孔位于口区左后方。体纤毛长约 10 μm；小膜纤毛长约 10 μm；口侧膜纤毛长约 30 μm，虫体静止时倒伏于口区内；尾纤毛最多可达 8 根，长约 30 μm。

运动方式为突然快速运动并绕虫体纵轴旋转，之后静止于基质上，伴随所有纤毛乍起。

15 或 16 列体动基列。第 1 列几乎全部由双动基系构成，其他则仅前 1/3~1/2 为双动基系。口区左侧的 4 列体动基列，其前端 2 或 3 对毛基体聚集成片段，略远离于后部的毛基体。

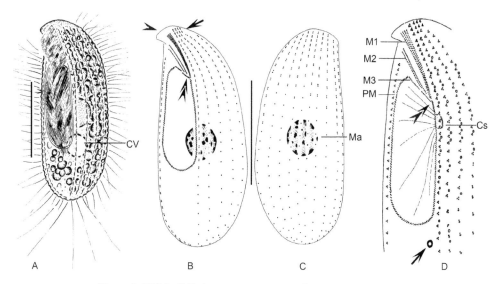

图 2 典型维尔伯特虫 *Wilbertia typica*（仿 Fan et al., 2009）
A. 活体腹面观；B 和 C. 纤毛图式腹面观（B）和背面观（C），B 中箭头示口区左侧 4 列体动基列前部形成的毛基体片段，双箭头示分为两段的小膜 3，无尾箭头示虫体前端弯曲的鸟喙状突起；D. 口区结构，双箭头示口侧膜末端，箭头示伸缩泡开孔；Cs. 胞口；CV. 伸缩泡；Ma. 大核；M1~3. 小膜 1~3；PM. 口侧膜（比例尺：30 μm）

口侧膜环绕腹面右侧，近乎闭合。3 片小膜位于口侧膜接近闭合处之前，接近平行排列。小膜 1 最长，含 4 列毛基体；小膜 2 比小膜 1 略短，含 2 列毛基体；小膜 3 由分成 2 段的单列毛基体构成。无盾片结构。

标本采集 2008 年 6 月 11 日采集于山东青岛石老人海水浴场潮间带沙滩，水温约 18℃，盐度约 25‰。

标本保藏 正模标本片保存于英国自然历史博物馆（编号：2008：8：7：1），2 张副模标本片保存于中国海洋大学原生动物学研究室（编号：FXP-20080611-03-01；FXP-20080611-03-02）。

（二）梳纤虫科 Ctedoctematidae Small & Lynn, 1985

Ctedoctematidae Small & Lynn, 1985, Kansas: Socity of Protozoologists, Lawrence: 393-575

虫体较小。口区位于腹面中部，胞口位于赤道线之后；口侧膜向左侧延伸不超过胞口；3 片梳状小膜排列成"C"形，小膜 3 垂直于虫体纵轴排列。

该科全球记载 5 属，中国记录 1 属。

3. 鬃毛虫属 *Hippocomos* Czapic & Jordan, 1977

Hippocomos Czapic & Jordan, 1977, Acta Protozool., 16: 157-164. **模式种**: *Hippocomos loricatus* Czapic & Jordan, 1977

形态 虫体呈椭圆形，表膜硬朗。口侧膜发达，沿口区右缘延伸至体后半部，小膜靠近口区右侧，沿口侧膜前部延伸。

种类及分布 该属全球已知 2 种，在中国发现 1 种。

（3）盐鬃毛虫 *Hippocomos salinus* Small & Lynn, 1985（图 3）

Hippocomos salinus Small & Lynn, 1985, Kansas: Society of Protozoologists: 393-575

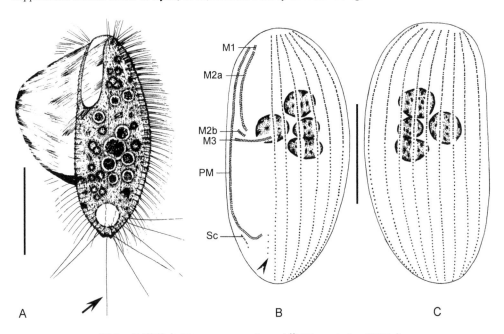

图 3 盐鬃毛虫 *Hippocomos salinus*（仿 Wang et al., 2008a）

A. 活体腹面观，箭头示尾纤毛；B 和 C. 纤毛图式腹面观（B）和背面观（C），B 中无尾箭头示口侧膜末端左侧短的体动基列；M1. 小膜 1；M2a. 小膜 2 前部分；M2b. 小膜 2 后部分；M3. 小膜 3；PM. 口侧膜；Sc. 盾片（比例尺：35 μm）

形态 活体大小（50~75）μm×（20~35）μm，腹面观椭圆形；背腹扁平，宽厚比约为 2∶1。表膜硬朗并具缺刻，射出体呈纺锤形，直径约 6 μm，排列在表膜之下。口区阔大，明显地分为两部分：前部明显凹陷为小膜所在区；大的胞口位于后半部，为口肋所支撑。口侧膜显著，约占体长的 3/4。胞质无色透明，内含大量折光颗粒与食物泡。1 枚大核，不规则球形，或由多个小的球形结节聚集而成。1 枚伸缩泡，直径约 6 μm，位于虫体尾端腹面。体纤毛长约 8 μm；尾纤毛 6~8 根，长约 20 μm。

13~16 列纵贯体长的体动基列，前半部为紧密排列的双动基系，后半部为稍疏松的单动基系。口侧膜后方另有一仅含数个基体的短动基列。口侧膜从小膜 1 前端起延伸至虫体后部，末端弯曲；口区小膜排列独特：小膜 1 短小；小膜 2 由两部分组成，前部分明显长于后部分；小膜 3 与小膜 2 后部分相邻，横向排列；3 片小膜均由 2 列毛基体组成。盾片含 10 个左右毛基体，排成纵列。

标本采集　2006 年 4 月 8 日采集于山东海阳潮间带沙滩，水温约 11℃，盐度约 31‰。

标本保藏　1 张凭证标本片保存于中国海洋大学原生动物学研究室（编号：WYG-20060408-01）。

（三）纤袋虫科 Histiobalantiidae de Puytorac & Corliss in Corliss, 1979

Histiobalantiidae de Puytorac & Corliss in Corliss, 1979, London & New York: Pergamon Press: 455

虫体中等大小或较大。纤毛致密地覆盖虫体，具有呈放射状排列长刚毛。口区显著且具有深陷的口沟，口侧膜后端膨大，小膜位于口区前 1/3～1/2。

该科全球记载 1 属，中国记录 1 属。

4. 纤袋虫属 *Histiobalantium* Stokes, 1886

Histiobalantium Stokes, 1886, Ann. Mag. Nat. Hist., 17: 98-112. **模式种**: *Histiobalantium natans* (Claparède & Lachmann, 1859) Kahl, 1931

形态　虫体卵圆形。口区明显向内凹陷形成硕大船状口庭，3 片小膜仅占口区 1/3 左右；口侧膜极发达，后端环绕胞口处显著弯折。具有若干针状刚毛，无典型的尾纤毛。

种类及分布　该属全球记载 6 种，中国记录 1 种

（4）海洋纤袋虫 *Histiobalantium marinum* Kahl, 1933（图 4）

Histiobalantium marinum Kahl, 1933, Leipzig: Akademische Verlagsgesellschaft: 29-146

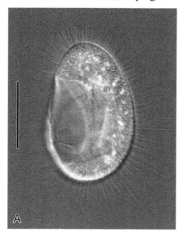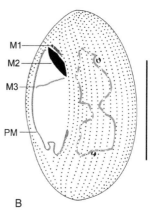

图 4　海洋纤袋虫 *Histiobalantium marinum*（A 自作者；B 仿 Fan et al., 2011c）（彩图请扫封底二维码）
A. 活体腹面观；B. 纤毛图式腹面观；M1～3. 小膜 1～3；PM. 口侧膜（比例尺：30 μm）

形态 活体大小（65~80）μm×（38~45）μm，椭球形或蚕豆形。口区显著且具有伸缩性，其长约占体长的 60%，横向展开时约占体宽的 2/3。表膜在着生纤毛处明显凹陷；射出体长约 5 μm，紧贴表膜排列。胞质无色透明，内含大量直径小于 5 μm 的折光颗粒。1 枚大核，形状通常不规则；一般具 2 枚小核。3~5 枚小伸缩泡靠近腹侧，直径约 3 μm；另有 1 枚大伸缩泡，直径约 8 μm，靠近背侧近尾端。体纤毛长 10~12 μm；针状刚毛，长 20~25 μm，放射状排列；口纤毛长可达 30 μm。

运动方式为中等速度运动，伴随绕虫体纵轴旋转，受刺激时紧紧附着于基质上。29~42 列体动基列，由等距排列的基体构成，无口后或口前体动基列。

口侧膜前端笔直而后端弯折。3 片口区小膜呈"V"形排列。小膜 1 长，含 3 列毛基体，分为前后两部分；小膜 2 粗大，约由 7 列毛基体构成；小膜 3 由 2 列毛基体组成。

标本采集 2010 年 4 月 28 日采集于山东青岛第一海水浴场潮间带沙滩（36°03′18″N，120°20′37″E），水温 12℃，盐度约 29‰。

标本保藏 1 张凭证标本片保存于中国海洋大学原生动物学研究室（编号：FXP-20100428-01）。

（四）膜袋虫科 Cyclidiidae Ehrenberg, 1838

Cyclidiidae Ehrenberg, 1838, Leipzig: Leopold Voss: 547

虫体一般较小，卵形或长卵形。体纤毛的分布通常前端密集，后端疏松，虫体顶部和尾部部分区域常形成裸毛区。胞口位置不固定，常位于赤道线或以前。

该科含 12 属，中国记载 6 属。

属检索表

1.	口区后方表膜凹陷明显	发袋虫属 Cristigera
	口区后方无表膜凹陷	2
2.	虫体两端有明显的棘刺	刺膜袋虫属 Acucyclidium
	虫体两端无棘刺	3
3.	多根尾纤毛，背腹显著扁平	镰膜袋虫属 Falcicyclidium
	单根尾纤毛，背腹不明显扁平	4
4.	小膜 2 毛基体成互相分隔、平行排列的多列	原膜袋虫属 Protocyclidium
	小膜 2 毛基体不成互相分隔、平行排列的列	5
5.	小膜 2 基体排列规则	伪膜袋虫属 Pseudocyclidium
	小膜 2 基体排列不规则	膜袋虫属 Cyclidium

5. 发袋虫属 *Cristigera* Roux, 1899

Cristigera Roux, 1899, Rev. Suisse Zool., 6: 557-635. **模式种**: *Cristigera pleuronemoides* Roux, 1899

形态 虫体背腹扁平，腹面口区具有明显的凹槽。口区约占体长1/2。体动基列前端毛基体紧密，后端较疏松或不连续。

种类及分布 该属全球已知15种，中国发现1种。

（5）中型发袋虫 *Cristigera media* Kahl, 1931（图5）

Cristigera media Kahl, 1931, Tierwelt Dtl., 21: 181-398

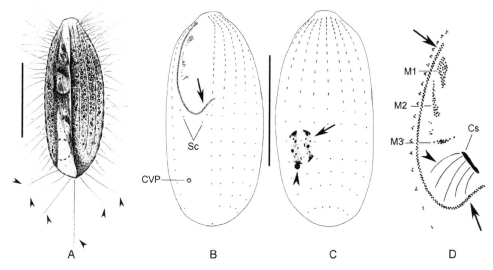

图5 中型发袋虫 *Cristigera media*（仿 Fan et al., 2011a）
A. 活体腹面观，无尾箭头示尾纤毛；B 和 C. 纤毛图式腹面观（B）和背面观（C），B 中箭头示口侧膜末端弯钩，C 中箭头和无尾箭头分别示大核与小核；D. 口区结构，无尾箭头示口肋；Cs. 胞口；CVP. 伸缩泡开孔；M1~3. 小膜1~3；Sc. 盾片（比例尺：25 μm）

形态 活体大小（45~60）μm ×（20~25）μm，腹面观长椭圆形，前端具一小的平截区；背腹扁平，宽厚比约为2.5:1。腹面近体中部有一纵贯体长的凹槽。口区位于凹槽前部，约占体长一半。表膜有较浅的缺刻。胞质透明，常内含大量直径约2 μm 的内质颗粒。大核近球形，直径约10 μm，位于虫体后1/2处；1枚小核紧靠大核。伸缩泡直径10 μm 左右，位于虫体右侧亚尾端，近腹面。体纤毛长约10 μm，在虫体前端紧密分布，而在后端则较疏松；口纤毛长约30 μm，虫体静止时，纤毛伏于凹槽之内；尾纤毛约6根，长约30 μm。

运动方式为绕虫体纵轴快速旋转，极少停止；停止时腹面或背面向上。

14或15列体动基列，前半部为双动基系，后半部为单动基系。口区左侧第1

列体动基列较其他略短。

口侧膜发达，约占体长 1/2，后端弯曲呈钩状。小膜 1 前端起始位置低于口侧膜的前端，通常由 6 列倾斜排列的毛基体构成；小膜 2 由前部 1 组毛基体片段和其后一些零散毛基体组成；小膜 3 含约 8 个毛基体，横向分布。盾片通常由 4 个毛基体构成。

标本采集 2008 年 10 月 30 日采集于青岛第一海水浴场潮间带沙滩，水温约 17℃，盐度约 29‰。

标本保藏 1 张凭证标本片保存于中国海洋大学原生动物学研究室（编号：FXP-20081030-01）。

6. 刺膜袋虫属 *Acucyclidium* Gao F, Gao S, Wang, Katz & Song, 2014

Acucyclidium Gao F, Gao S, Wang, Katz & Song, 2014, Mol. Phylogenet. Evol., 75: 219-226. **模式种**: *Acucyclidium atractodes* Gao F., Gao S., Wang, Katz & Song, 2014

形态 虫体背腹扁平，顶端和尾端都有明显的棘刺。具有多根尾毛。口侧膜末端鱼钩状，前端起始位置低于小膜 1 前端。

种类及分布 该属全球范围已知仅 1 种，发现自中国青岛。

（6）尖梭刺膜袋虫 *Acucyclidium atractodes* (Fan, Hu, Al-Farraj, Clamp & Song, 2011) Gao F, Gao S, Wang, Katz & Song, 2014（图 6）

Falcicyclidium atractodes Fan, Hu, Al-Farraj, Clamp & Song, 2011, Eur. J. Protistol., 47: 186-196
Acucyclidium atractodes Gao F, Gao S, Wang, Katz & Song, 2014, Mol. Phylogenet. Evol, 75: 219-226

形态 活体大小（45~50）μm ×（18~22）μm，腹面观卵形，前后两端尖；背腹扁平，宽厚比约为 2∶1。表膜坚实，边缘具有锯齿，且于纤毛列之间轻微隆起呈脊状。虫体前端着生有一长约 2 μm 的尖刺，后端有一长约 3 μm 的突起。口区显著开阔，约占体长的 60%、体宽的 50%。口侧膜发达，完全张开时口纤毛长 20~30 μm。胞口位于口区中央，前方有一三角形内质增厚区。胞质内通常含有大量直径约 2 μm 的小颗粒，主要分布于虫体前端或中部。1 枚球形大核，直径约 8 μm，位于虫体前端。1 枚伸缩泡，直径约 8 μm，位于亚尾端。约 6 根长尾纤毛，长 20~25 μm；虫体静止时，尾纤毛呈放射状；最靠近尾端 1 根生于表膜凹陷中且略长于其他尾纤毛。

运动方式为快速游动，伴随绕虫体纵轴旋转，静止时侧面朝上，纤毛乍起。

恒具 10 列体动基列，其中大部分前 1/3 为紧密排列的双动基系，后 2/3 为松散排列的单动基系；第 1、第 $n-1$ 和第 n 列中双动基系延伸至虫体前 1/2。

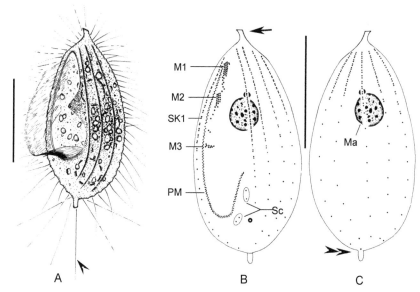

图6 尖梭刺膜袋虫 *Acucyclidium atractodes*（仿 Fan et al., 2011a）
A. 活体腹面观，无尾箭头示尾纤毛；B 和 C. 纤毛图式腹面观（B）和背面观（C），B 中箭头示前端棘刺，C 中双箭头示尾端突起；Ma. 大核；M1～3. 小膜1～3；PM. 口侧膜；Sc. 盾片；SK1. 第1列体动基列（比例尺：20 μm）

口侧膜由约60个双动基系构成，尾端明显弯曲呈钩状。小膜1含3列毛基体；小膜2含排成3列的和一些零散分布的毛基体。小膜3很小，含约10个毛基体。盾片位于口侧膜末端，含2～5个毛基体。

标本采集 2008年6月11日采集于山东青岛第一海水浴场潮间带沙滩，水温约13℃，盐度约28‰。

标本保藏 正模标本片保存于中国海洋大学原生动物学研究室（编号：FXP-20080611-01），1张副模标本片保存于英国自然历史博物馆（编号：2010：11：6：2）。

7. 镰膜袋虫属 *Falcicyclidium* Fan, Hu, Al-Farraj, Clamp & Song, 2011

Falcicyclidium Fan, Hu, Al-Farraj, Clamp & Song, 2011, Eur. J. Protistol., 47: 186-196. **模式种**: *Falcicyclidium fangi* Fan, Hu, Al-Farraj, Clamp & Song, 2011

形态 虫体背腹显著扁平，具有多根尾纤毛。口侧膜前端起始位置低于小膜1前端，末端明显弯曲呈鱼钩状。体动基列由直且连续分布的毛基体构成。

种类及分布 该属全球已知2种，均仅记载于中国。

种检索表

1. 口区占体长约 2/3 ··· 方氏镰膜袋虫 *F. fangi*
   口区占体长约 1/2 ·· 柠檬镰膜袋虫 *F. citriforme*

(7) 方氏镰膜袋虫 *Falcicyclidium fangi* Fan, Hu, Al-Farraj, Clamp & Song, 2011（图 7）

Falcicyclidium fangi Fan, Hu, Al-Farraj, Clamp & Song, 2011, Eur. J. Protistol., 47: 186-196

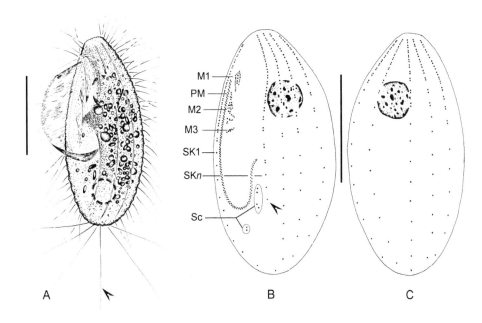

图 7　方氏镰膜袋虫 *Falcicyclidium fangi*（仿 Fan et al., 2011a）

A. 活体腹面观，无尾箭头示尾纤毛；B 和 C. 纤毛图式腹面观（B）和背面观（C），B 中无尾箭头示较短的第 n 列体动基列；M1~3. 小膜 1~3；PM. 口侧膜；Sc. 盾片；SK1、n. 第 1 和第 n 列体动基列（比例尺：20 μm）

形态　活体大小（45~60）μm ×（15~25）μm，橄榄形；腹背扁平，宽厚比约为 3∶1。口区延伸至体长约 60%。表膜有轻微的脊状突起；射出体明显可见，长约 5 μm。胞质无色透明，通常含有大量小颗粒。1 枚大核，多位于细胞前端区域，通常呈不规则的球形，直径 8~10 μm。1 枚伸缩泡，位于虫体亚尾端，体中线偏左，直径约 10 μm。体纤毛长约 10 μm；口侧膜纤毛长约 25 μm；尾纤毛约 6 根，长 25~30 μm，位于虫体最末端的一根着生于表膜的一处凹陷中。

运动方式为绕虫体纵轴快速旋转，间或悬于水中长久静止，伴随体侧面朝上，体纤毛乍起，口侧膜帆状张开。

恒具 10 列体动基列，双动基系于前端密集排布。第 1 列体动基列包含 35 个动基系；第 n 列体动基列明显短于其他体动基列，后端截止于口侧膜弯曲形成的钩状区域。

口侧膜前端始于离虫体顶部较远的位置，于后部显著弯曲呈镰状。3 片小膜都位于口区前 1/3 处；小膜 1 由 3 列纵向的毛基体构成，每列含 6~8 个毛基体；

小膜 2 呈不规则状，由毛基体组成的片段构成；小膜 3 由约 10 个毛基体构成。盾片由约 6 个毛基体构成，位于口侧膜后端左侧。

标本采集 2008 年 10 月 30 日采集于山东青岛第一海水浴场潮间带沙滩，水温约 17℃，盐度约 29‰。

标本保藏 正模标本片保存于中国海洋大学原生动物学研究室（编号：FXP-20081030-03），1 张副模标本片保存于英国自然历史博物馆（编号：2010：11：6：1）。

（8）柠檬镰膜袋虫 *Falcicyclidium citriforme* Fan, Xu, Jiang, Al-Rasheid, Wang & Hu, 2017（图 8）

Falcicyclidium citriforme Fan, Xu, Jiang, Al-Rasheid, Wang & Hu, 2017, Eur. J. Protistol., 59: 34-49

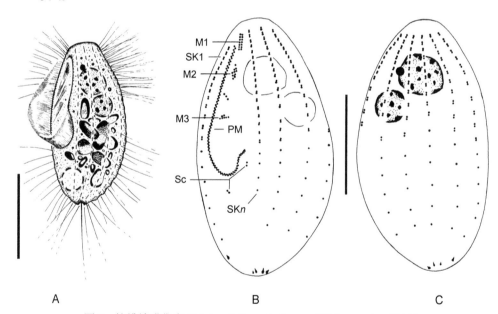

图 8 柠檬镰膜袋虫 *Falcicyclidium citriforme*（仿 Fan et al., 2017）
A. 活体腹面观；B 和 C. 纤毛图式腹面观（B）和背面观（C）；M1～3. 小膜 1～3；PM. 口侧膜；Sc. 盾片；SK1、n. 第 1 和第 n 列体动基列（比例尺：25 μm）

形态 活体大小（40～60）μm ×（20～40）μm，柠檬状；背腹扁平，宽厚比约为 2∶1；体前端有明显平截区。口区显著，占体长 47%～67%。表膜坚硬，有明显缺刻。胞质无色透明，内含食物泡与折光颗粒。大核多位于虫体前半部，通常 2 枚，偶见 1 或 4 枚；1 枚小核。伸缩泡位于腹面近尾端，直径约 10 μm，伸缩间隔约 2 min。体纤毛长约 11 μm，在体前端排列致密而在后端稀疏，活体下背侧赤道线处纤毛不可见；通常有 9 根尾纤毛，长约 20 μm。

运动方式为绕虫体纵轴旋转,大多数时候虫体侧面朝上静止于水中,口侧膜伸展。

通常有 10 列体动基列,第 1 列体动基列含 22 个动基系,其中末端的 7~9 个为单动基系;第 n 列体动基列含 22~26 个动基系;其余体动基列前半部为双动基系,末端 6 或 7 个为单动基系。

口侧膜末端显著弯曲,在纤毛器舒展或静止时呈明显的鱼钩状。3 片口区小膜形状不规则;小膜 1 和 2 由纵向排列的毛基体构成;小膜 3 含一些零散及横向排列的毛基体。小膜 3 与口侧膜末端的纵向距离约 9 μm,占口区总长的约 40%。盾片由 2 组、每组 2 个毛基体组成。

标本采集 2005 年 11 月 30 日采集于山东青岛第一海水浴场潮间带沙滩,水温约 14℃,盐度约 26‰。

标本保藏 正模标本片(编号:WYG-20051130-01)和 2 张副模标本片(编号:WYG-20051130-02,WYG-20051130-03)保存于中国海洋大学原生动物学研究室。

8. 原膜袋虫属 *Protocyclidium* Alekperov, 1993

Protocyclidium Alekperov, 1993, Zoosyst. Rossica, 2: 13-28. **模式种**: *Protocyclidium terrenum* Alekperov, 1993

形态 口区小膜 2 分化为水平排列且由前端向后端逐渐增宽的多列毛基体,与小膜 3 难以区分。体动基列由连续排列的毛基体构成。

种类及分布 全球记载 6 种,中国记录 2 种。

种检索表

1. 第 1 列体动基列含约 14 个动基系 ·································· 瓜形原膜袋虫 *P. citrullus*
   第 1 列体动基列含约 20 个动基系 ·································· 中华原膜袋虫 *P. sinicum*

(9) 瓜形原膜袋虫 *Protocyclidium citrullus* (Cohn, 1866) Foissner, Agatha & Berger, 2002 (图 9)

Cyclidium citrullus Cohn, 1866, Z. Wiss. Zool., 16: 253-302
Protocyclidium citrullus (Cohn, 1866) Foissner, Agatha & Berger, 2002, Denisia, 5: 1-1459

形态 活体大小约 25 μm × 13 μm,柠檬状;背腹略微扁平。口区占体长约 60%。胞质中常含多个大食物泡,直径约 5 μm。1 枚球形大核伴随 1 枚小核位于虫体前端。伸缩泡位于亚尾端,舒张时直径约 8 μm。单根尾纤毛,长 25~30 μm;口纤毛长约 10 μm。

运动方式为行进过程中突然停止并保持腹面朝上静止较短的时间。

15 列体动基列。第 1 列体动基列几乎与虫体等长,由前端 10~12 个双动基

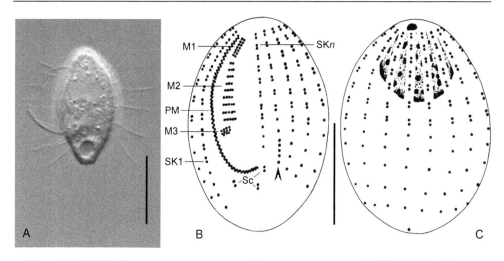

图 9 瓜形原膜袋虫 *Protocyclidium citrullus*（仿 Fan et al.，2017）（彩图请扫封底二维码）
A. 活体侧腹面观；B 和 C. 纤毛图式腹面观（B）和腹面观（C），B 中无尾箭头示第 n–1 列体动基列末端紧密排列的单动基系；M1～3. 小膜 1～3；PM. 口侧膜；Sc. 盾片；SK1、n. 第 1 和第 n 列体动基列（比例尺：A = 15 μm，B 和 C = 10 μm）

系和后端 4 个单动基系组成；第 n 列体动基列终止于胞口处；第 n–1 列体动基列末端有 5 个紧密排列的单动基系毛基体；背侧体动基列前半段含 6 或 7 个双动基系，后半段含 5 个单动基系。

小膜 1 短小，由 2 列纵向的毛基体构成；小膜 2 明显，由 9 列横向且逐渐变长的毛基体构成；小膜 3 倾斜排列。盾片由 3 对位于口侧膜末端的毛基体构成。

标本采集 2009 年 8 月 25 日采集于山东青岛胶州湾河口区，盐度约 21‰。

标本保藏 1 张凭证标本片保存于中国海洋大学原生动物学研究室（编号：FXP-20090805-01）。

（10）中华原膜袋虫 *Protocyclidium sinicum* Fan, Lin, Al-Rasheid, Al-Farraj, Warren & Song, 2011（图 10）

Protocyclidium sinicum Fan, Lin, Al-Rasheid, Al-Farraj, Warren & Song, 2011, Acta Protozool., 50: 219-234

形态 活体大小（20～35）μm ×（12～20）μm，椭球形；背腹不扁平；顶端有明显的裸毛区，宽度约为体宽的 1/3。口区约占体长的 60%，右侧可见明显的口侧膜。表膜光滑，活体状态下射出体明显可见。胞质无色透明，内含许多食物泡。1 枚球形大核，直径约 8 μm；1 枚小核，直径约 2 μm。伸缩泡位于虫体亚尾端，直径约 5 μm。口纤毛和体纤毛长约 12 μm；尾纤毛长约 20 μm。

13 或 14 列体动基列。第 1 列体动基列通常很长，含 24 个动基系，其中后 10 个左右为单动基系；第 n 列体动基列明显短于其他体动基列，终止于口区末端；

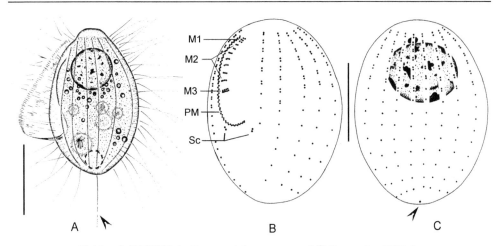

图10　中华原膜袋虫 *Protocyclidium sinicum*（仿 Fan et al.，2011c）
A. 活体腹面观，无尾箭头示尾纤毛；B 和 C. 纤毛图式腹面观（B）和背面观（C），C 中无尾箭头示尾纤毛的毛基体；M1~3. 小膜 1~3；PM. 口侧膜；Sc. 盾片（比例尺：15 μm）

其余体动基列几乎等长，由约 15 个动基系构成，前 1/3 为较紧密排列的双动基系，后 2/3 则为松散排列的单动基系。

口侧膜前端始于小膜 1，末端弯曲。小膜 1 由 2 列纵向的毛基体构成；小膜 2 含约 7 列横向的毛基体；小膜 3 短小。盾片位于口侧膜后方，由 2 对毛基体组成。

标本采集　2009 年 11 月 30 日采集于大亚湾近岸一扇贝养殖场（22°43′23″N，114°35′41″E），水温约 22℃，盐度约 31‰。

标本保藏　正模标本片保存于中国海洋大学原生动物学研究室（编号：JJM-20091130-01），1 张副模标本片保存于英国自然历史博物馆（编号：NHMUK 2011.5.20.2）。

9. 伪膜袋虫属 *Pseudocyclidium* Small & Lynn, 1985

Pseudocyclidium Small & Lynn, 1985, Kansas: Socity of Protozoologists, Lawrence: 393-575. **模式种**: *Pseudocyclidium marylandi* Small & Lynn, 1985

形态　口区小膜由多于 1 列的毛基体组成；小膜 1 和 2 与口侧膜平行排列，且明显长于小膜 3。体动基列含紧密排列的毛基体。

种类及分布　全球记载 2 种，中国记录 1 种。

（11）长伪膜袋虫 *Pseudocyclidium longum* Xu & Song, 1998（图 11）

Pseudocyclidium longum Xu & Song, 1998, The Yellow Sea, 4: 1-4

形态　活体大小（60~85）μm×（15~25）μm，虫体细长，矛状；前端有裸

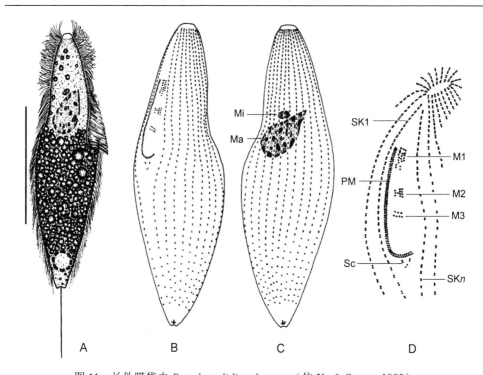

图 11 长伪膜袋虫 *Pseudocyclidium longum*（仿 Xu & Song，1998）
A. 活体腹面观；B 和 C. 纤毛图式腹面观（B）和背面观（C）；D. 口区结构；Ma. 大核；Mi. 小核；M1~3. 小膜 1~3；PM. 口侧膜；Sc. 盾片；SK1、*n*. 第 1 和第 *n* 列体动基列（比例尺：30 μm）

毛区。口区凹陷，延伸至体长约 50%。胞质内含大量直径约 5 μm 的球形颗粒，使胞质在观察时呈暗色。1 枚大核，形状通常不规则，常位于虫体前 1/3 的区域；1 枚椭圆形小核。伸缩泡位于尾端。体前部纤毛排列致密，形成趋触区，趋触纤毛长约 8 μm，体后部纤毛排列疏松。单根尾纤毛，长约 25 μm。

虫体通常以 45°的角度通过趋触性纤毛器附着于沉积物上；运动时进行快速的线性运动。

16~21 列体动基列，前 3/4 由双动基系构成，后 1/4 由单动基系构成，在顶端和尾端都形成裸毛区。口纤毛器位于虫体亚前端；口侧膜 "L" 形，前端与小膜 1 前端几乎平齐；小膜 1 最长，含 16~20 个纵向排成 3 列的毛基体；小膜 2 较短，有 3 或 4 列纵向的毛基体；小膜 3 含倾斜的 2 列毛基体。盾片由 3 对毛基体构成，在口后呈 "Y" 形排布。

标本采集 1995 年 4 月 28 日采集于山东日照一海水养殖场，水温约 8℃，盐度约 22‰。

标本保藏 正模标本片（编号：RZ-950428-10）和 1 张副模标本片（编号：RZ-950428-11）保存于中国海洋大学原生动物学研究室。

10. 膜袋虫属 *Cyclidium* Müller, 1773

Cyclidium Müller, 1773, Havniae et Lipsiae: Heineck et Faber: 135. **模式种**: *Cyclidium glaucoma* Müller, 1773

形态 虫体多呈卵圆形或椭圆形，背腹扁平不明显。口侧膜呈"L"形，前端起始位置高于小膜 1 前端；3 片口区小膜形状常不规则。体动基列直且含连续排布的毛基体，具有单根典型尾纤毛。伸缩泡位于虫体尾端。

种类及分布 该属分布广泛，已知约 37 种，在中国发现 4 种。

种检索表

1. 共栖生，体前端纤毛显著长于体后端纤毛 ·················· 厦门膜袋虫 *C. amoyensis*
   自由生，大部分体纤毛等长 ··· 2
2. 大核 1 枚 ··· 瞬闪膜袋虫 *C. glaucoma*
   大核 2 枚 ·· 3
3. 口区占体长约 75%，第 *n* 列体动基列短 ················ 异玻氏膜袋虫 *C. varibonneti*
   口区占体长约 50%，第 *n* 列体动基列长 ················ 中华膜袋虫 *C. sinicum*

（12）厦门膜袋虫 *Cyclidium amoyensis* Nie, 1934（图 12）

Cyclidium amoyensis Nie, 1934, Rep. Mar. Biol. Assoc. China, 1934: 81-90

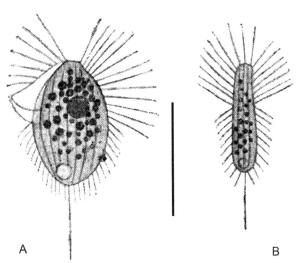

图 12　厦门膜袋虫 *Cyclidium amoyensis*（仿 Nie，1934）
A. 活体腹面观；B. 活体侧面观（比例尺：25 μm）

注：本种自首次报道以来，尚未有基于银染手段的再研究，因而以现代的标

准来看，Nie（1934）将该种归于膜袋虫属存在不确定性；但是，该种体前部纤毛明显长于后部，使得该种区别于膜袋虫属成员及相近属的所有物种。

形态 活体大小（25～35）μm×（17～22）μm，腹面观卵圆形或柠檬形，背腹扁平。后端钝圆，前端平截。口区从体前端起始延伸至虫体 1/2 处，位于显著的口腔凹陷内。口侧膜显著，兜帽状，具有伸展性。胞口不易观察，位于口腔底部。大核球形，通常位于前 1/2，与胞口大约在同一水平线上；小核紧邻大核。1 枚伸缩泡位于尾端。虫体前部纤毛明显长于体后部纤毛，体纤毛纵向排成 14～16 列。

标本采集 1933 年夏天分离自采集于厦门湾的紫海胆。

标本保藏 不详。

（13）瞬闪膜袋虫 *Cyclidium glaucoma* Müller, 1773（图 13）

Cyclidium glaucoma Müller, 1773, Havniae et Lipsiae: Heineck et Faber: 135

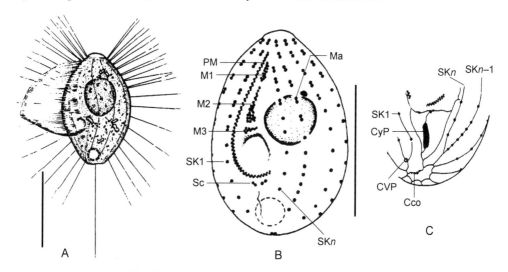

图 13 瞬闪膜袋虫 *Cyclidium glaucoma*（仿宋微波和魏军，1998）
A. 活腹面体观；B. 纤毛图式腹面观；C. 尾部银线系；Cco. 尾纤毛复合体；CVP. 伸缩泡开孔；CyP. 胞肛；Ma. 大核；M1～3. 小膜 1～3；PM. 口侧膜；Sc. 盾片；SK1、n、$n-1$. 第 1、第 n 和第 $n-1$ 列体动基列（比例尺：15 μm）

形态 活体大小（12～16）μm×（7～11）μm，腹面观为稳定的两端略尖削的橄榄形，并在前端有一裸毛区；侧面观时可见腹面略平，背面突出。口区约占体长 2/3。胞质清亮透明，仅含少量细小颗粒及折光颗粒。1 枚大核，约占体宽 1/2，近球形。伸缩泡较小，位于尾端，伸缩频繁。体纤毛长约 10 μm，虫体静息时呈放射状向周围直伸；单根尾纤毛，长 15～18 μm。

运动方式为该属的典型运动方式，短暂"跳跃"后即进入长时间静息态。

10 或 11 列体动基列。第 1 列体动基列包含 12～15 个动基系；第 n 列体动基列含 9~11 个动基系，其后端下行至体后部 1/5 处；第 n-2 列体动基列后伸至虫体尾部，且其后半部毛基体排列密集。

3 片口区小膜，其中小膜 2 最长；口侧膜由双动基系构成；盾片由 2 对毛基体构成，位于口侧膜后方。

银线系主要包括贯穿体动基列的纵向银线，第 n 列体动基列不贯穿尾毛复合体，而是与第 n-1 列体动基列后部相连，形成不典型的尾极环；胞肛为一粗短的条带状构造，伸缩泡开孔位于第 2 列体动基列末端。

标本采集 1993 年采集于山东青岛对虾育苗和养殖场，盐度 31‰~33‰。

标本保藏 2 张凭证标本片保存于中国海洋大学原生动物学研究室（编号：SL-910601-1；SL-910601-2）。

（14）异玻氏膜袋虫 *Cyclidium varibonneti* Song, 2000（图 14）

Cyclidium varibonneti Song, 2000, Acta Protozool., 39: 295-322

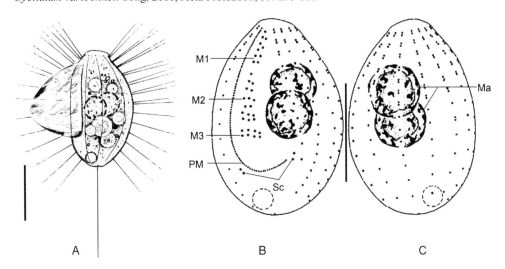

图 14 异玻氏膜袋虫 *Cyclidium varibonneti*（仿 Song，2000）

A. 活体腹面观；B 和 C. 纤毛图式腹面观（B）和背面观（C）；Ma. 大核；M1~3. 小膜 1~3；PM. 口侧膜；Sc. 盾片（比例尺：10 μm）

形态 活体大小（15~25）μm×（10~15）μm，卵圆形，背腹扁平不明显。前端平截区较小。口区约占体长 75%。胞质透明，常包含大量球形内质颗粒。通常有 2 枚球形大核，位于虫体中前部，直径 4~5 μm。1 枚伸缩泡，位于虫体亚尾端。体纤毛长度约与体宽相当；单根尾纤毛，长约 20 μm。

11 或 12 列体动基列。第 1 列体动基列由约 14 个动基系构成；背面中部体动基列由 10~14 个动基系构成，前 1/2 为排列紧密的双动基系，后 1/2 分布有 4~7 个单动基系。

口侧膜呈"L"形，前端与小膜 1 几乎平行。小膜 1 由纵向规则的 2 或 3 列毛基体构成；小膜 2 由前至后逐渐加宽；小膜 3 的宽度与小膜 2 末端相近。盾片常分 2 组，分别位于口侧膜后端左、右两侧。

标本采集 1995 年 4 月 23 日采集于山东青岛近岸水体，水温 7～8℃，盐度 31‰。2009 年 12 月 15 日采集于广东湛江一养虾池，水温约 24℃，盐度约 25‰。

标本保藏 正模标本片（编号：SW-1995429）和 1 张凭证标本片（编号：JJM-20091215-04）保存于中国海洋大学原生动物学研究室。

（15）中华膜袋虫 *Cyclidium sinicum* Pan, Liang, Wang, Warren, Mu, Yu & Chen, 2017（图 15）

Cyclidium sinicum Pan, Liang, Wang, Warren, Mu, Yu & Chen, 2017, Int. J. Syst. Evol. Microbiol., 67: 557-564

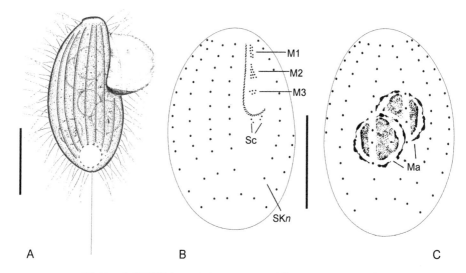

图 15　中华膜袋虫 *Cyclidium sinicum*（仿 Pan et al.，2017）
A. 活体腹面观；B 和 C. 纤毛图式腹面观（B）和背面观（C）；Ma. 大核；M1～3. 小膜 1～3；Sc. 盾片；SK*n*. 第 *n* 列体动基列（比例尺：10 μm）

形态 活体大小（20～25）μm×（10～15）μm，椭球形；左右扁平，宽厚比约为 1∶3。顶端有裸毛区，约占体宽的 1/4。口区占体长的 45%～50%，口侧膜十分明显。表膜光滑，活体状态下未见射出体。胞质无色透明，内含大小不一（0.5～1 μm）的折光颗粒；有数个或多个食物泡，内容物为摄食的细菌。2 枚球形大核，直径约 5 μm；1 枚小核，直径约 2 μm。伸缩泡 1 枚，位于虫体后端，直径约 4 μm。体纤毛和口纤毛长约 7 μm；尾纤毛长约 12 μm。

运动方式为绕虫体纵轴顺时针旋转，速度中等，偶尔静止较短的时间。

11列几乎等长的体动基列,从虫体顶端裸毛区延伸至体后端。第1列体动基列由11或12个动基系构成。

口侧膜呈"L"形。小膜1由2列纵向的单动基系构成;小膜2呈三角形,长度与第1小膜相近,由6列横向的毛基体构成;小膜3较小,由2列横向的毛基体构成。盾片邻近口侧膜末端,由2组、每组2个毛基体构成。

标本采集 2015年10月26日采集于黑龙江哈尔滨一淡水养殖池塘(44°87′14.7″N,127°09′12.0″E),水温约14℃。

标本保藏 正模标本片保存于英国自然历史博物馆(编号:NHMUK 2016.10.15.1),1张副模标本片保存于中国海洋大学原生动物学研究室(编号:PXM-20151026-02)。

(五)帆口虫科 Pleuronematidae Kent, 1881

Pleuronematidae Kent, 1881, London: David Bogue: 433-720

虫体较小至中等大小。虫体遍生纤毛,具有长且僵硬的尾纤毛。表膜下着生有明显的杆状黏液泡。口侧膜"6"形弯曲,纤毛展开呈帆状;小膜2分为前、后两个部分。

该科已知4属,中国记录2属。

属检索表

1. 口侧膜由连续排列的毛基体构成 ··· 帆口虫属 *Pleuronema*
   口侧膜后端断裂成毛基体片段 ··· 裂纱虫属 *Schizocalyptra*

11. 帆口虫属 *Pleuronema* Dujardin, 1841

Pleuronema Dujardin, 1841, Paris: Librairie Encyclopédique de Roret: 684. **模式种**: *Pleuronema crassum* Dujardin, 1841

形态 虫体腹面观长椭圆形,两端钝圆。口侧膜形成显著的钩状环绕口区,纤毛呈帆状展开。3片口区小膜高度特化并占据口区大部分区域,小膜2分成前部分(小膜2a)和后部分(小膜2b)。体动基列为混合动基系。通常有多根针芒状尾纤毛,1枚伸缩泡。

种类及分布 该属全球记载30种,中国记录14种。

种检索表

1. 体动基列数小于24 ··· 2
   体动基列数大于等于24 ·· 3
2. 小膜1含2列毛基体 ··· 优雅帆口虫 *P. elegans*
   小膜1含3列毛基体 ··· 4

3. 小膜 2 前段末端呈钩状·· 5
   小膜 2 前段末端非钩状··· 6
4. 口区占体长 3/4·· 少毛帆口虫 *P. paucisaetosum*
   口区占体长 4/5··· 刚毛帆口虫 *P. setigerum*
5. 小膜 1 含 2 列毛基体··· 7
   小膜 1 含 3 列毛基体··· 8
6. 大核呈腊肠形··· 9
   大核非腊肠形·· 10
7. 小膜 3 含 3 列毛基体··· 11
   小膜 3 含 5 或 6 列毛基体·· 维尔伯特帆口虫 *P. wilberti*
8. 2 或 3 列口前体动基列··· 东方帆口虫 *P. orientale*
   6~8 列口前体动基列·· 双核帆口虫 *P. binucleatum*
9. 小膜 1 含 2 列毛基体·· 维氏帆口虫 *P. wiackowskii*
   小膜 1 含 3 列毛基体·· 拟维氏帆口虫 *P. parawiackowskii*
10. 2~4 列口前体动基列··· 海洋帆口虫 *P. marinum*
    1 列口前体动基列··· 12
11. 1 枚大核··· 13
    6~16 枚大核··· 查匹克帆口虫 *P. czapikae*
12. 体动基列数大于 40·· 中华帆口虫 *P. sinica*
    体动基列数小于 40··· 格氏帆口虫 *P. grolierei*
13. 1 或 2 列口前体动基列, 体动基列数小于 30 ·· 普氏帆口虫 *P. puytoraci*
    4 或 5 列口前体动基列, 体动基列数大于 30 ·· 冠帆口虫 *P. coronatum*

（16）优雅帆口虫 *Pleuronema elegans* Pan X, Huang, Fan, Ma, Al-Rasheid, Miao & Gao, 2015（图 16）

Pleuronema elegans Pan X, Huang, Fan, Ma, Al-Rasheid, Miao & Gao, 2015, Acta Protozool., 54: 31-43

形态 活体大小（90~115）μm ×（45~60）μm，腹面观近椭圆形，尾端略尖。口区占体长约 70%，帆状口侧膜明显可见。表膜坚硬，具轻微缺刻。胞质无色或浅灰色，内含大量所摄食的绿色藻类、大小不一的折光颗粒及形状不规则的蓝色结晶体（直径<6 μm）。1 枚球形大核，直径约 30 μm，位于虫体前半部。1 枚伸缩泡，直径约 10 μm，位于亚尾端近背侧。体纤毛长约 12 μm；约 10 根尾纤毛，长约 30 μm。

运动方式为绕虫体纵轴旋转，间或静止于基质上。

18 或 19 列体动基列，前 60%由双动基系构成，后 40%由单动基系构成，在顶端形成小的裸毛区。口区左侧有 2 列口前体动基列。

口侧膜占体长约 70%。小膜 1 由 2 列纵向的毛基体构成；小膜 2a 含 2 列毛基

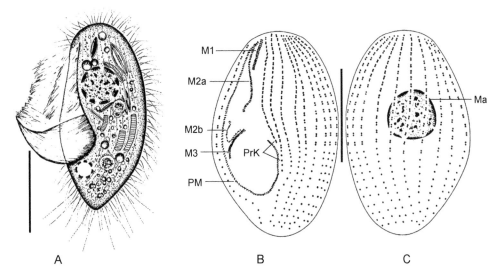

图 16 优雅帆口虫 *Pleuronema elegans*（仿 Pan X et al.，2015a）
A. 活体腹面观；B 和 C. 纤毛图式腹面观（B）和背面观（C）；Ma. 大核；M1. 小膜 1；M2a. 小膜 2 前部分；M2b. 小膜 2 后部分；M3. 小膜 3；PrK. 口前体动基列；PM. 口侧膜（比例尺：50 μm）

体，后端平直，约为小膜 1 的 2 倍长；小膜 2b "V" 形，离小膜 2a 较远，一侧贴近小膜 3；小膜 3 含 3 列紧密排列的毛基体。

标本采集 2012 年 5 月 15 日采集于山东青岛第一海水浴场潮间带沙滩，水温约 19℃，盐度约 31‰。

标本保藏 正模标本片保存于中国海洋大学原生动物学研究室（编号：PXM-20120515），1 张副模标本片保存于英国自然历史博物馆（编号：NHMUK 2013.8.15.1）。

（17）少毛帆口虫 *Pleuronema paucisaetosum* Pan H, Hu, Warren, Wang, Jiang & Hao, 2015（图 17）

Pleuronema paucisaetosum Pan H, Hu, Warren, Wang, Jiang & Hao, 2015, Int. J. Syst. Evol. Microbiol., 65: 4800-4808

形态 活体大小（55～85）μm×（25～55）μm，卵形或肾形；前后两端钝圆，腹侧略凹而背侧突出。口区占体长约 3/4。表膜具缺刻，射出体长约 5 μm，分布于表膜下方。胞质无色透明，内含直径 3～5 μm 的折光颗粒。通常 1 枚球形大核，直径约 13 μm，位于虫体前半部，极少数个体有 2 枚大核，染色后可见 1～5 枚核结节。1 枚伸缩泡，直径约 8 μm，位于虫体背侧亚尾端。体纤毛长约 10 μm；有 12～15 根尾纤毛，长约 25 μm，呈放射状；口纤毛长约 20 μm，展开呈帆状。

运动方式为绕虫体纵轴快速旋转，间或短暂静止于水中。

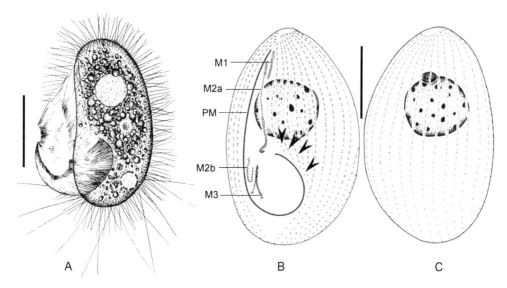

图 17 少毛帆口虫 *Pleuronema paucisaetosum* （仿 Pan H et al., 2015）

A. 活体腹面观；B 和 C. 纤毛图式腹面观（B）和背面观（C）；B 中无尾箭头示口前体动基列；M1. 小膜 1；M2a. 小膜 2 前部分；M2b. 小膜 2 后部分；M3. 小膜 3；PM. 口侧膜（比例尺：30 μm）

21～23 列体动基列，前 2/3 为双动基系，后 1/3 为单动基系。口区左侧有 4 或 5 列口前体动基列。

口侧膜约占体长 3/4。小膜 1 含 1 列较短、2 列较长的毛基体；小膜 2a 长度约为小膜 1 的 3 倍，前端与末端皆含 2 列毛基体，中部含 1 列毛基体，末端呈钩状；小膜 2b 呈深"V"形；小膜 3 含 3 列毛基体。

标本采集 2012 年 4 月 17 日采集于上海南汇河口湿地（30°51′52.2″N，121°56′13.9″E），水温约 14℃，盐度约 13‰。

标本保藏 正模标本片保存于英国自然历史博物馆（编号：NHMUK 2015.4.9.2），1 张副模标本片保存于中国海洋大学原生动物学研究室（编号：PHB-1204 17-02-1）。

（18）刚毛帆口虫 *Pleuronema setigerum* Calkins, 1902（图 18）

Pleuronema setigerum Calkins, 1902, Bull. US. Bureau. Fish., 21: 413-468

形态 活体大小（30～50）μm ×（15～30）μm，长橄榄形；腹侧凹陷而背侧微凸。表膜具缺刻；射出体长约 5 μm，紧密排列于表膜之下。口区占体长约 4/5。胞质无色或浅灰色，内含大量大小不一的折光颗粒、形状不规则的结晶体及食物泡。通常 1 枚球形大核，偶见 10 枚左右的核聚集在一起。1 枚伸缩泡，直径约 13 μm，位于虫体背侧亚尾端。体纤毛长约 13 μm；9～13 根尾纤毛，长约 35 μm；口侧膜纤毛长 35 μm。

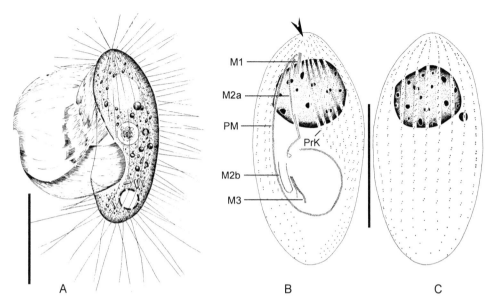

图 18 刚毛帆口虫 *Pleuronema setigerum*（仿 Pan et al.，2010）
A. 活体腹面观；B 和 C. 纤毛图式腹面观（B）和背面观（C），B 中无尾箭头示顶端小的裸毛区；M1. 小膜 1；M2a. 小膜 2 前部分；M2b. 小膜 2 后部分；M3. 小膜 3；PM. 口侧膜；PrK. 口前动基列（比例尺：30 μm）

运动方式为绕虫体纵轴中速旋转，间或短暂静止于基质上。

14~16 列体动基列，前 3/4 由双动基系构成，后 1/4 由单动基系构成，延伸至虫体全长。口区左侧有 3~5 列口前体动基列。

口侧膜约占体长 80%。小膜 1 含 1 列较短、2 列较长的毛基体；小膜 2a 前部和后部均由 2 列毛基体构成，中部则含 1 列"之"字形排列的毛基体，末端 2 列毛基体闭合成一小环；小膜 2b 呈近"V"形；小膜 3 含 3 列毛基体。

标本采集 2008 年 10 月 14 日采集于山东青岛小港码头近岸水体，水温约 16℃，盐度约 29‰。2010 年 12 月 1 日采集于深圳红树林湿地，水温约 21℃，盐度约 19‰。

标本保藏 3 张凭证标本片保存于中国海洋大学原生动物学研究室（编号 PHB-20081014-01；PHB-20081014-02；PXM-20101201-01）。

（19）维尔伯特帆口虫 *Pleuronema wilberti* Wang, Song, Warren, Al-Rasheid, Al-Quraishy, Al-Farraj, Hu & Pan, 2009（图 19）

Pleuronema wilberti Wang, Song, Warren, Al-Rasheid, Al-Quraishy, Al-Farraj, Hu & Pan H, 2009, Eur. J. Protistol., 45: 29-37

形态 活体大小（85~140）μm ×（40~80）μm，腹面观长椭圆形；前端钝圆，尾端狭窄；背腹扁平，宽厚比约为 3∶2。口区约占体长的 65%、体宽的 50%。

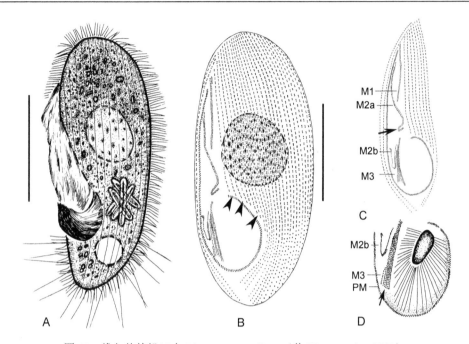

图 19 维尔伯特帆口虫 *Pleuronema wilberti*（仿 Wang et al., 2009）
A. 活体腹面观；B. 纤毛图式腹面观，无尾箭头示口前体动基列；C. 口区结构，箭头示小膜 2a 末端钩状结构；
D. 口区后部，箭头示小膜 3；M1. 小膜 1；M2a. 小膜 2 前部分；M2b. 小膜 2 后部分；M3. 小膜 3；PM. 口侧膜
（比例尺：50 μm）

胞质浅灰色，包含大量内质颗粒和内含硅藻的大食物泡。通常 1 枚球形大核，偶见多个较小的大核聚集在一起。1 枚伸缩泡，直径约 10 μm，位于虫体亚尾端近背侧。体纤毛长约 10 μm；约 15 根尾纤毛，长约 24 μm，呈放射状；口纤毛长约 40 μm，不呈典型的帆状。

运动方式为绕虫体纵轴快速运动，间或静止于水中。

40~49 列体动基列，前 3/4 为双动基系，后 1/4 为单动基系。口区左侧有 6~8 列口前体动基列。

口侧膜约占体长 75%，含"之"字形排列的毛基体。小膜 1 很长，含 2 列毛基体；小膜 2a 含 2 列毛基体，末端呈钩状；小膜 2b 呈"V"形，离小膜 2a 较远，贴近小膜 3；小膜 3 含 5 或 6 列毛基体。

标本采集 2006 年 5 月采集于山东青岛潮间带沙滩，水温约 11℃，盐度约 31‰。

标本保藏 正模标本片保存于英国自然历史博物馆（编号：2007：5：16：3），1 张副模标本片保存于中国海洋大学原生动物学研究室（编号：WYG-20060501-02）。

（20）东方帆口虫 *Pleuronema orientale* Pan H, Hu, Warren, Wang, Jiang & Hao, 2015（图20）

Pleuronema orientale Pan H, Hu, Warren, Wang, Jiang & Hao, 2015, Int. J. Syst. Evol. Microbiol., 65: 4800-4808

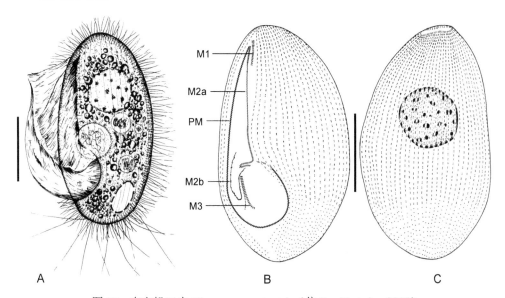

图20　东方帆口虫 *Pleuronema orientale*（仿 Pan H et al., 2015）
A. 活体腹面观；B 和 C. 纤毛图式腹面观（B）和背面观（C）；M1. 小膜 1；M2a. 小膜 2 前部分；M2b. 小膜 2 后部分；M3. 小膜 3；PM. 口侧膜（比例尺：40 μm）

形态　活体大小（95～135）μm ×（50～83）μm，腹面观椭圆形至卵圆形；两端钝圆，背腹扁平，宽厚比约为 2∶1。表膜坚硬具缺刻，射出体长约 6 μm，位于表膜之下。口区约占体长 3/4。胞质无色透明，内含大量的小颗粒（直径＜3 μm）及数个食物泡。通常有 1 枚球形大核，位于虫体中央，直径约 25 μm；1～3 枚小核，邻近大核。1 枚伸缩泡，位于亚尾端近背侧。体纤毛长约 10 μm；12～15 根尾纤毛，长约 25 μm，放射状分布。

运动方式为绕虫体纵轴快速旋转，间或静止于水中。

42～50 列体动基列，前 3/4 由双动基系构成，后 1/4 由单动基系构成，几乎覆盖全长。2 或 3 列口前体动基列位于口区左前侧。

小膜 1 含 1 列较短、2 列较长的毛基体；小膜 2a 末端呈钩状，前部与后部均可见明显左、右排成 2 列的毛基体，中部毛基体则呈"之"字形排列；小膜 2b 呈"V"形；小膜 3 含 3 列毛基体。

标本采集　2012 年 4 月 20 日采集于浙江大洋山岛潮间带沙滩（30°35′33.8″N，122°04′59.1″E），水温约 20℃，盐度约 7‰。

标本保藏 正模标本片保存于英国自然历史博物馆（编号：NHMUK 2015.4.9.1），1张副模标本片保存于中国海洋大学原生动物学研究室（PHB-12042001-1）。

（21）双核帆口虫 *Pleuronema binucleatum* Pan H, Hu, Jiang, Wang & Hu X, 2016（图21）

Pleuronema binucleatum Pan H, Hu, Jiang, Wang & Hu X, 2016, J. Eukaryot. Microbiol., 63: 287-298

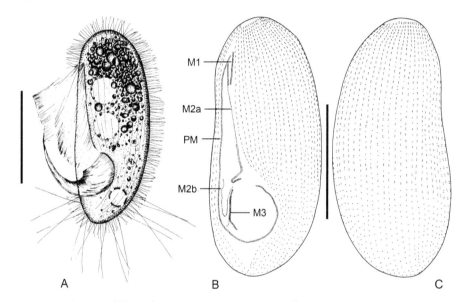

图21 双核帆口虫 *Pleuronema binucleatum*（仿 Pan H et al., 2016）
A. 活体腹面观；B 和 C. 纤毛图式腹面观（B）和背面观（C）；M1. 小膜1；M2a. 小膜2前部分；M2b. 小膜2后部分；M3. 小膜3；PM. 口侧膜（比例尺：50 μm）

形态 活体大小（90～120）μm ×（35～50）μm，腹面轮廓肾形；前端钝圆而末端略尖；背腹扁平，宽厚比约为 3∶2。口区约占体长的 65%、体宽的 44%。胞质浅灰色，在体前部含大量直径约 4 μm 的不透明颗粒。通常具有 2 枚球形大核（少数个体具 4 枚大核），位于体前 1/2。1 枚伸缩泡，直径 15～20 μm，位于亚尾端近背侧。体纤毛长约 10 μm；16～22 根尾纤毛，长约 25 μm，呈放射状；口纤毛长约 20 μm。

运动方式为绕虫体纵轴中速旋转，间或静止一段时间。

32～41 列体动基列延伸至虫体全长，在顶端形成较小的裸毛区，前 2/3 由双动基系构成，后 1/3 为单动基系。口区左前侧有 6～8 列口前体动基列。

口侧膜约占体长 60%。小膜 1 由 1 列较短、2 列较长的毛基体构成；小膜 2a 前部和后部均含 2 列毛基体，中部仅有 1 列，末端弯钩状；小膜 2b 呈深 "V" 形；

小膜 3 含 3 列毛基体。

标本采集 2014 年 9 月 25 日采集于浙江枸杞岛潮间带沙滩（30°43′13.5″N，122°47′33.5″E），水温约 16℃，盐度 13‰。

标本保藏 正模标本片保存于英国自然历史博物馆（编号：NHMUK 2015.7.13.1），1 张副模标本片保存于中国海洋大学原生动物学研究室（编号：PHB-20150424-06-1）。

（22）维氏帆口虫 *Pleuronema wiackowskii* Wang, Song, Hu, Warren, Chen & Al-Rasheid, 2008（图 22）

Pleuronema wiackowskii Wang, Song, Hu, Warren, Chen & Al-Rasheid, 2008, Acta Protozool., 47: 35-45

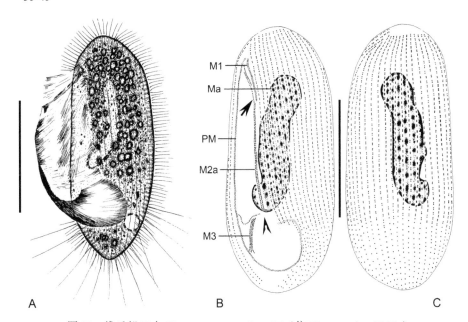

图 22 维氏帆口虫 *Pleuronema wiackowskii*（仿 Wang et al., 2008c）

A. 活体腹面观；B 和 C. 纤毛图式腹面观（B）和背面观（C），B 中箭头示部分含 1 列毛基体的小膜 2a，无尾箭头示小膜 2a 末端向左弯曲；Ma. 大核；M1. 小膜 1；M2a. 小膜 2 前部分；M3. 小膜 3；PM. 口侧膜

（比例尺：50 μm）

形态 活体大小（95～120）μm × 50 μm，腹面观长椭圆形；左右两侧几乎平行，前后两端轻微突出；背腹扁平，宽厚比约为 2∶1。表膜具缺刻，射出体长约 4 μm，位于表膜之下。口区占体长约 80%。胞质无色或浅灰色，内含大量内质颗粒。1 枚大核，腊肠形。1 枚伸缩泡，直径约 10 μm，位于虫体亚尾端近背侧。体纤毛长约 10 μm；约 15 根尾纤毛，长约 25 μm，呈放射状；口纤毛长约 40 μm，形成典型的帆状结构。

运动方式为绕虫体纵轴中速旋转，间或短暂静止于基质上。

27~35 列体动基列，前 3/4 为双动基系，后 1/4 为单动基系，延伸至虫体全长，在顶端形成一小裸毛区。口区左侧有 3~5 列口前体动基列。

口侧膜占体长约 80%。小膜 1 含 2 列毛基体；小膜 2a 含 2 列毛基体，左侧 1 列部分断开，末端不呈钩状；小膜 2b 中部弯曲，位于小膜 2a 与小膜 3 之间；小膜 3 含 3 列毛基体，略短于小膜 1。

标本采集 2006 年 11 月 5 日采集于山东青岛潮间带沙滩，水温约 11℃，盐度约 31‰。

标本保藏 正模标本片保存于英国自然历史博物馆（编号：2007：5：16：2），1 张副模标本片保存于中国海洋大学原生动物学研究室（编号：WYG-2006 0413-01）。

（23）拟维氏帆口虫 *Pleuronema parawiackowskii* Pan H, Hu J, Jiang, Wang & Hu X, 2016（图 23）

Pleuronema parawiackowskii Pan H, Hu J, Jiang, Wang & Hu X, 2016, J. Eukaryot. Microbiol., 63: 287-298

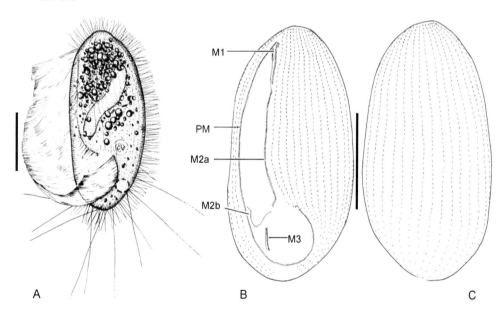

图 23 拟维氏帆口虫 *Pleuronema parawiackowskii*（仿 Pan H et al.，2016）
A. 活体腹面观；B 和 C. 纤毛图式腹面观（B）和背面观（C）；M1. 小膜 1；M2a. 小膜 2 前部分；M2b. 小膜 2 后部分；M3. 小膜 3；PM. 口侧膜（比例尺：30 μm）

形态 活体大小（65~90）μm×（25~40）μm，腹面观椭圆形；两端钝圆，背腹扁平，宽厚比约为 2∶1。射出体长约 4 μm，紧密排列于表膜之下。口区约占体长的 85%、体宽的 50%。胞质浅灰色，虫体前半部含大量脂质折光颗粒。1 枚腊肠形大核。1 枚伸缩泡，位于虫体亚尾端近背侧。体纤毛长约 12 μm；约 15 根尾纤毛，长约 50 μm，呈放射状；口纤毛长约 40 μm，展开呈明显的帆状。

运动方式为绕虫体纵轴旋转，间或短暂静止。

23～29 列体动基列，前 3/4 由双动基系构成，后 1/4 由单动基系构成。通常有 6～8 列口前体动基列。

口侧膜占体长约 80%。小膜 1 含 3 列毛基体，最左侧 1 列短，含不超过 8 个毛基体；小膜 2a 长度约为小膜 1 的 3 倍，大部分由 2 列毛基体构成，末端向口区内侧弯曲但不呈钩状；小膜 2b 呈"V"形；小膜 3 含 3 列毛基体。

标本采集　2015 年 4 月 24 日采集于浙江枸杞岛潮间带沙滩（30°43′13.5″N，122°47′33.5″E），水温约 16℃，盐度约 20‰。

标本保藏　正模标本片保存于英国自然历史博物馆（编号：NHMUK 2015.7.13.2），1 张副模标本片保存于中国海洋大学原生动物学研究室（编号：PHB-2014 0925-01-1）。

（24）海洋帆口虫 *Pleuronema marinum* Dujardin, 1841（图 24）

Pleuronema marinum Dujardin, 1841, Paris: Librairie Encyclopédique de Roret, 684

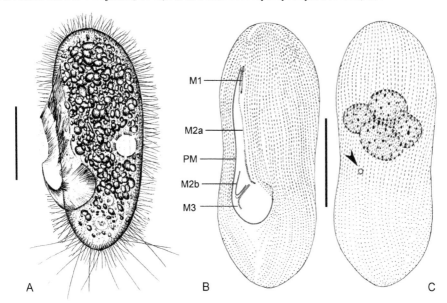

图 24　海洋帆口虫 *Pleuronema marinum*（仿 Pan H et al., 2016）

A. 活体腹面观；B 和 C. 纤毛图式腹面观（B）和背面观（C），C 中无尾箭头示伸缩泡开孔；M1. 小膜 1；M2a. 小膜 2 前部分；M2b. 小膜 2 后部分；M3. 小膜 3；PM. 口侧膜（比例尺：40 μm）

形态　活体大小（95～120）μm ×（30～50）μm，腹面观长椭圆形；两端钝圆，背腹略扁平，宽厚比约为 4∶3。口区约占体长的 60%、体宽的 38%。虫体前 60%～75%的胞质在低倍镜下呈黑色，内含许多椭圆形颗粒[（6～8）μm×（3～5）μm]。大多数个体具 4～7 枚球形大核，个别个体有 1 枚球形或形状不规则大核，位于体前 1/2 处。1 枚伸缩泡，位于虫体中部近背侧。体纤毛长约 12 μm；约 13 根尾纤毛，长约 25 μm，呈放射状；口侧膜纤毛长约 20 μm。

运动方式为绕虫体纵轴中速旋转，间或短暂静止。

53～70 列体动基列，前 2/3 为双动基系，后 1/3 为单动基系，在虫体顶端形成裸毛区。2～4 列口前体动基列。

口侧膜约占体长 60%。小膜 1 含 1 列短的、2 列长的毛基体；小膜 2a 末端略向左弯曲但不呈钩状，其前端与末端都含 2 列毛基体，中间含 1 列毛基体；小膜 2b 呈"V"形，毛基体呈锯齿状排列；小膜 3 含 3 列毛基体。

标本采集 2012 年 4 月 20 日采集于浙江大洋山岛潮间带（30°35′33.8″N，122°04′59.1″E），水温约 20℃，盐度 7‰。

标本保藏 1 张凭证标本片保存于英国自然历史博物馆（编号：NHMUK 2015.7.13.3）。

（25）查匹克帆口虫 *Pleuronema czapikae* Wang, Song, Hu, Warren, Chen & Al-Rasheid, 2008（图 25）

Pleuronema czapikae Wang, Song, Hu, Warren, Chen & Al-Rasheid, 2008, Acta Protozool., 7: 35-45

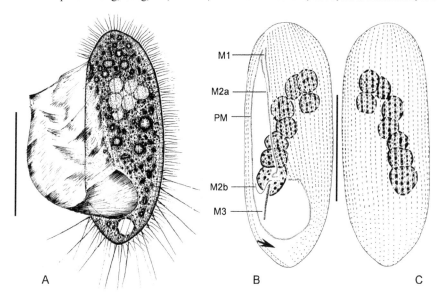

图 25 查匹克帆口虫 *Pleuronema czapikae*（仿 Wang et al., 2008c）

A. 活体腹面观；B 和 C. 纤毛图式腹面观（B）和背面观（C），B 中箭头示口区后的裸毛区；M1. 小膜 1；M2a. 小膜 2 前部分；M2b. 小膜 2 后部分；M3. 小膜 3；PM. 口侧膜（比例尺：50 μm）

形态 活体大小（85～115）μm × 40 μm，长椭球形；背腹扁平，宽厚比为 3：2～2：1。射出体长约 6 μm，位于表膜之下。口区占体长的 80%。胞质无色或浅灰色，内含许多大小不一的脂质折光颗粒及形状不规则的结晶体（约 6 μm × 2 μm）。6～16 枚球形大核，通常呈纵向分布。1 枚伸缩泡，直径约 10 μm，位于亚尾端近背侧。体纤毛长约 10 μm；约 15 根尾纤毛，长 15 μm，呈放射状；口纤毛长约 40 μm，展开呈典型的帆状。

运动方式为沿虫体纵轴旋转前进，或在培养皿底部或水中悬浮静息。

29～35 列体动基列。第 1 列体动基列由双动基系构成，其他体动基列前 3/4 由双动基系构成，后 1/4 由单动基系构成。3～5 列口前体动基列。

口侧膜约占体长的 80%。小膜 1 含 2 列毛基体；小膜 2a 很长，为小膜 1 的 3 倍，其大部分含 2 列毛基体，末端呈钩状；小膜 2b "U" 形，位于小膜 2a 与小膜 3 之间；小膜 3 含 3 列毛基体。

标本采集 2006 年 4 月 13 日采集于山东青岛潮间带沙滩，水温约 20℃，盐度 30‰。

标本保藏 正模标本片保存于英国自然历史博物馆（编号：2007：5：16：1），1 张副模标本片保存于中国海洋大学原生动物学研究室（编号：WYG-20061105-01）。

（26）中华帆口虫 *Pleuronema sinica* Wang, Song, Warren, Al-Rasheid, Al-Quraishy, Al-Farraj, Hu & Pan, 2009（图 26）

Pleuronema sinica Wang, Song, Warren, Al-Rasheid, Al-Quraishy, Al-Farraj, Hu & Pan, 2009, Eur. J. Protistol., 45: 29-37

形态 活体大小（105～200）μm × （45～105）μm，腹面观长椭圆形；两端钝圆，背腹扁平，宽厚比约为 4：3。口区约占体长的 60%、体宽的 33%；口区前端纤毛不舒展，仅后端纤毛易见，长约 20 μm。虫体前半部因内含大量柠檬形的内质颗粒通常显黑色，后半部则呈浅灰色。1 枚大核，形状不规则，伴有大量结节。1 枚伸缩泡，直径约 8 μm，位于亚尾端。体纤毛长约 10 μm；10 根尾纤毛，长约 20 μm，呈放射状。

运动方式为绕虫体纵轴中速旋转，间或短暂静止。

41～52 列体动基列，前半部由双动基系构成，后半部由单动基系构成。口区左侧恒有 1 列口前体动基列。

口侧膜约占体长 60%。小膜 1 含 1 列较短、2 列较长的毛基体；小膜 2a 前部与后部皆含 2 列毛基体，中部含 1 列毛基体，末端平直；小膜 2b 呈不规则的 "V" 形，紧贴小膜 3；小膜 3 含 3 列毛基体。

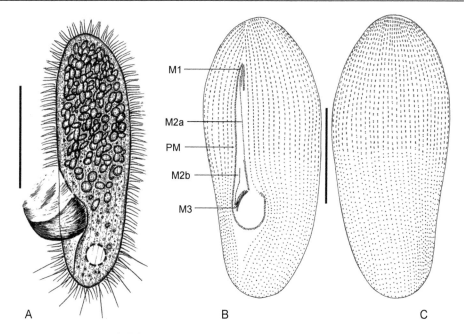

图 26 中华帆口虫 *Pleuronema sinica*（仿 Wang et al., 2009）
A. 活体腹面观；B 和 C. 纤毛图式腹面观（B）和背面观（C）；M1. 小膜 1；M2a. 小膜 2 前部分；M2b. 小膜 2 后部分；M3. 小膜 3；PM. 口侧膜（比例尺：50 μm）

标本采集 2005 年 12 月 11 日采集于山东青岛潮间带近排污口处沙滩，水温约 13℃，盐度约 28‰。

标本保藏 正模标本片保存于英国自然历史博物馆（编号：2007：5：16：4），1 张副模标本片保存于中国海洋大学原生动物学研究室（编号：WYG-20051211-01）。

（27）格氏帆口虫 *Pleuronema grolierei* Wang Hu, Long, Al-Rasheid, Al-Farraj & Song, 2008（图 27）

Pleuronema grolierei Wang Hu, Long, Al-Rasheid, Al-Farraj & Song, 2008, Eur. J. Protistol., 44: 131-140

形态 活体大小（70～80）μm ×（25～40）μm，腹面观卵圆形至长椭圆形；虫体最宽处位于体前 1/2，前后两端钝圆，背腹扁平，宽厚比约为 3∶2。表膜具缺刻，射出体长约 4 μm。口区大而浅，约占体长的 2/3、体宽的 1/3；口侧膜不呈典型的帆状。胞质无色或浅灰色，内含大量直径为 4～5 μm 的折光颗粒。1 枚球形大核，位于虫体前部。1 枚伸缩泡，直径约 20 μm，位于亚尾端近背侧。体纤毛长约 10 μm；平均 15 根尾纤毛，长约 24 μm，呈放射状。

运动方式为绕虫体纵轴中速旋转，间或漂浮于水中。

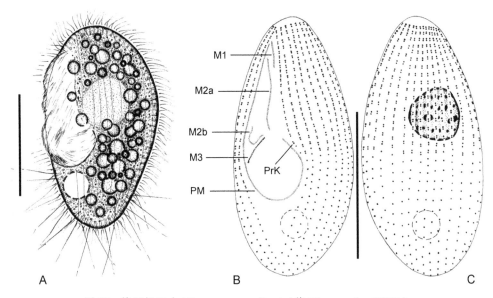

图 27 格氏帆口虫 *Pleuronema grolierei*（仿 Wang et al., 2008b）
A. 活体腹面观；B 和 C. 纤毛图式腹面观（B）和背面观（C）；M1. 小膜 1；M2a. 小膜 2 前部分；M2b. 小膜 2 后部分；M3. 小膜 3；PrK. 口前体动基列；PM. 口侧膜（比例尺：50 μm）

24～32 列体动基列，前半部为双动基系而后半部为单动基系。虫体顶端和口区后方有明显的裸毛区。口区左侧恒有 1 列口前体动基列。

口侧膜占虫体长约 2/3。小膜 1 含 2 列毛基体；小膜 2a 接近平直，长度约为小膜 1 的 2 倍，含 2 列毛基体；小膜 2b 呈"U"形；小膜 3 与小膜 1 长度相近，含 2 列毛基体。

标本采集 2005 年 12 月 6 日采集于山东青岛潮间带沙滩，水温约 11℃，盐度约 28‰。

标本保藏 正模标本片（编号：WYG-20051206-01）和 1 张副模标本片（编号：WYG-20051206-02）保存于中国海洋大学原生动物学研究室。

（28）普氏帆口虫 *Pleuronema puytoraci* Grolière & Detcheva, 1974（图 28）

Pleuronema puytoraci Grolière & Detcheva, 1974, Protistologica, 10: 91-99

形态 活体大小（80～100）μm ×（50～60）μm，长橄榄形；腹面平而背侧微凸。表膜坚硬，具轻微缺刻；射出体长约 3 μm，紧密排列于表膜之下。口区深，口侧膜呈明显帆状。胞质无色或浅灰色，内含大量大小不一的球形颗粒、形状不规则的结晶体和内含细菌的食物泡。1 枚球形大核，位于虫体前 1/3，内含大量球形核仁。1 枚伸缩泡，直径约 10 μm，位于虫体亚尾端近背侧。体纤毛长约 8 μm；平均 15 根尾纤毛，长约 30 μm。

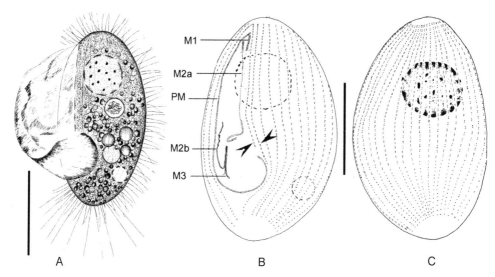

图 28 普氏帆口虫 *Pleuronema puytoraci*（仿 Pan et al.，2011）
A. 活体腹面观；B 和 C. 纤毛图式腹面观（B）和背面观（C），B 中无尾箭头示口前体动基列；M1. 小膜 1；M2a. 小膜 2 前部分；M2b. 小膜 2 后部分；M3. 小膜 3；PM. 口侧膜（比例尺：A = 40 μm，B 和 C = 20 μm）

运动方式为绕虫体纵轴中速旋转，间或静止于水中。

28 或 29 列体动基列，前 2/3 由双动基系构成，后 1/3 由单动基系构成。口区左侧有 1 或 2 列口前体动基列。

口侧膜占体长约 75%。小膜 1 含 2 列毛基体，长度为小膜 2a 的 20%；小膜 2a 前端与末端皆含 2 列毛基体，中部含 1 列毛基体，末端呈钩状；小膜 2b 呈 "V"形；第 3 小膜含 3 列毛基体。

标本采集 2010 年 12 月 27 日采集于香港一虾类养殖池塘，水温约 18℃，盐度约 16‰。

标本保藏 1 张凭证标本片保存于中国海洋大学原生动物学研究室（编号：PXM-20101227-01）。

（29）冠帆口虫 *Pleuronema coronatum* Kent, 1881（图 29）

Pleuronema coronatum Kent, 1881, London: David Bogue: 433-720

形态 活体大小变化较大，(55～170) μm ×(30～85) μm，腹面观椭圆形或长椭圆形；背腹扁平，宽厚比约为 3：2。表膜硬实、略有缺刻，射出体长约 4 μm。胞质透明无色，含较大的食物泡；在虫体后部，胞质含许多直径为 3～5 μm 的折光颗粒。1 枚伸缩泡，位于虫体亚尾端近背侧。通常 1 枚球形大核，偶见多个聚集为一团；1 枚近球形小核。口纤毛长 20～40 μm；体纤毛长约 10 μm；尾纤毛 10～15 根，长度约为体纤毛的 3 倍，呈放射状。

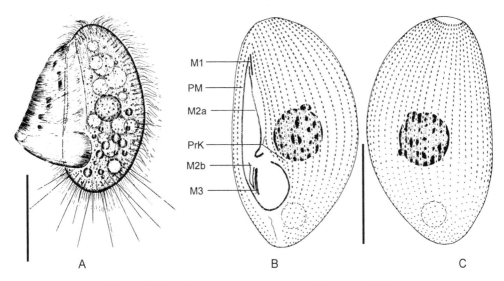

图29 冠帆口虫 *Pleuronema coronatum*（仿 Song，2000）

A. 活体腹面观；B 和 C. 纤毛图式腹面观（B）和背面观（C）；M1. 小膜 1；M2a. 小膜 2 前部分；M2b. 小膜 2 后部分；M3. 小膜 3；PM. 口侧膜；PrK. 口前体动基列（比例尺：A = 30 μm，B 和 C = 40 μm）

运动方式为以中等速度在水中悬浮晃动，或在基质上短暂静止。

35～48 列体动基列，延伸至虫体全长，在前端缩短形成一条不明显的缝合线，并终止于顶端，在口区部分存在裸毛区。所有体动基列的前 2/3 为双动基系，后 1/3 为单动基系。口区左侧有 4～8 列口前体动基列。

口侧膜约占体长的 4/5。小膜 1 较短，由 2 列毛基体构成；小膜 2a 由明显的 2 列毛基体构成，末端弯曲；小膜 2b 呈深"V"形，紧贴小膜 3；小膜 3 含 3 列毛基体。

标本采集 自 1989 年频繁采集于青岛潮间带沙滩、近岸自由或养殖水体，盐度约 30‰。

标本保藏 2 片凭证标本片保存于中国海洋大学原生动物学研究室（编号：WYG-20050501-03；WYG-20050708-01）。

12. 裂纱虫属 *Schizocalyptra* Dragesco, 1968

Schizocalyptra Dragesco, 1968, Protistologica, 4: 85-106. **模式种**: *Schizocalyptra magna* Dragesco, 1968

形态 侧面观常呈卵形，两侧扁平。口区阔大；3 片小膜高度发达，其中小膜 2 分成前、后两部分，前部细长，后部紧靠小膜 3；口侧膜发达，后端断成多个片段。多根针芒状尾纤毛。

种类及分布 全球记载 5 种，中国记录 3 种。

种检索表

1. 小膜 3 含 2 列毛基体 ··· 艾斯特裂纱虫 *S. aeschtae*
   小膜 3 含 3 列毛基体 ·· 2
2. 口侧膜后端断裂为 12~15 个片段 ································· 中华裂纱虫 *S. sinica*
   口侧膜后端断裂为 6~11 个片段 ································· 相似裂纱虫 *S. similis*

（30）艾斯特裂纱虫 *Schizocalyptra aeschtae* Long, Song, Warren, Al-Rasheid, Gong & Chen, 2007（图 30）

Schizocalyptra aeschtae Long, Song, Warren, Al-Rasheid, Gong & Chen, 2007, Acta Protozool., 46: 229-245

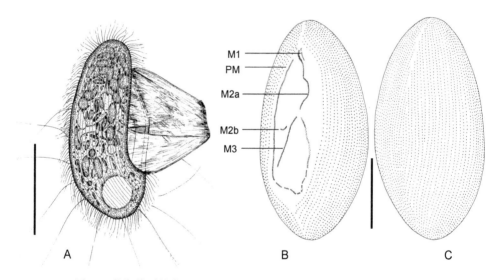

图 30 艾斯特裂纱虫 *Schizocalyptra aeschtae*（仿 Long et al., 2007a）
A. 活体腹面观；B 和 C. 纤毛图式腹面观（B）和背面观（C）；M1. 小膜 1；M2a. 小膜 2 前部分；M2b. 小膜 2 后部分；M3. 小膜 3；PM. 口侧膜（比例尺：50 μm）

形态 活体大小（80~160）μm ×（40~80）μm，侧面观卵圆形；两侧扁平，宽厚比约为 1∶2；腹侧略凹，中部凹陷较明显，背侧显著外凸。表膜锯齿状；射出体纺锤状，长约 4 μm，位于表膜下方。胞质无色或浅灰色，内含大量结晶体及球形或椭圆形食物泡，食物泡内多为摄食的细菌或硅藻。通常有 10~20 枚球形大核。1 枚伸缩泡，直径约 25 μm，位于尾部。体纤毛长约 10 μm；有约 15 根尾纤毛，长 30~50 μm，可延伸至虫体尾端 1/3 至 2/3；口纤毛长约 40 μm。

运动方式为在水中长时间以不对称的轨迹游动，其间绕虫体纵轴慢速旋转，间歇性休息时腹面向下静止在基质上。

60 列由单动基系构成的体动基列，在口区前后形成缝合区。

口侧膜约占体长 2/3。小膜 1 较短，含 2 列毛基体；小膜 2a 含 3 列毛基体，波浪状弯曲；小膜 2b 较小，两端上翘；小膜 3 含 2 列毛基体，较平直，约与小膜 2a 等长。

标本采集 2005 年 4 月 22 日采集于山东青岛潮间带沙滩，水温约 15℃，盐度约 30‰。

标本保藏 正模标本片保存于英国自然历史博物馆（编号：2005：4：22：1），1 张副模标本片保存于中国海洋大学原生动物学研究室（编号：LHA-20050422-01-2）。

（31）中华裂纱虫 *Schizocalyptra sinica* Wang, Miao, Zhang, Gao, Song, Al-Rasheid, Warren & Ma, 2008（图 31）

Schizocalyptra sinica Wang, Miao, Zhang, Gao, Song, Al-Rasheid, Warren & Ma, 2008, Acta Protozool., 47: 377-387

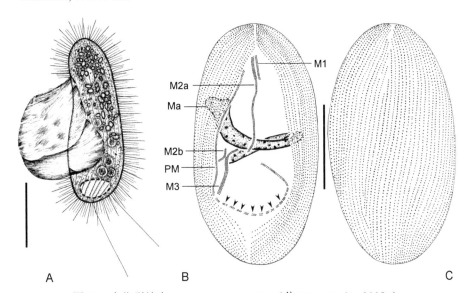

图 31 中华裂纱虫 *Schizocalyptra sinica*（仿 Wang et al., 2008a）

A. 活体腹面观；B 和 C. 纤毛图式腹面观（B）和背面观（C），B 中无尾箭头示口侧膜后端的毛基体片段；Ma. 大核；M1. 小膜 1；M2a. 小膜 2 前部分；M2b. 小膜 2 后部分；M3. 小膜 3；PM. 口侧膜（比例尺：40 μm）

形态 活体大小（65～130）μm ×（30～55）μm，细长椭球形，两端钝圆。射出体长约 6 μm，呈纺锤状，分布于表膜下方。口区处内凹，具有明显呈帆状的口侧膜。胞质无色或浅灰色，但虫体前半部因含众多扁豆状内质颗粒而较黑。通常 1 枚带状大核，少数个体具有数枚较小的大核。1 枚伸缩泡，直径约 20 μm，位于虫体尾部。体纤毛长约 10 μm；针芒状刚毛长约 15 μm，在虫体全身间隔一定距离呈放射状分布；2 根尾纤毛，长约 50 μm；口纤毛长约 40 μm。

运动方式为绕虫体纵轴快速旋转，间或静息于基质上。

46～61 列体动基列，由单动基系构成。

口侧膜约占体长 65%，末端断裂成 12～15 个片段，每个片段含 3 或 4 对毛基体。小膜 1 短小；小膜 2a 前端含 3 列毛基体，末端平直不弯曲，小膜 2a 与小膜 3 的长度比为（1.5～2.3）∶1；小膜 2b 位于小膜 3 前端右侧，轻微卷曲；小膜 3 含 3 列毛基体。

标本采集　2007 年 12 月 20 日采集于广东惠州潮间带沙滩，水温约 21℃，盐度约 29‰。

标本保藏　正模标本片保存于英国自然历史博物馆（编号：2008：6：11：2），1 张副模标本片保存于中国海洋大学原生动物学研究室（编号：WYG-20071220-02）。

（32）相似裂纱虫 Schizocalyptra similis Wang, Miao, Zhang, Gao, Song, Al-Rasheid, Warren & Ma, 2008（图 32）

Schizocalyptra similis Wang, Miao, Zhang, Gao, Song, Al-Rasheid, Warren & Ma, 2008, Acta Protozool., 47: 377-387

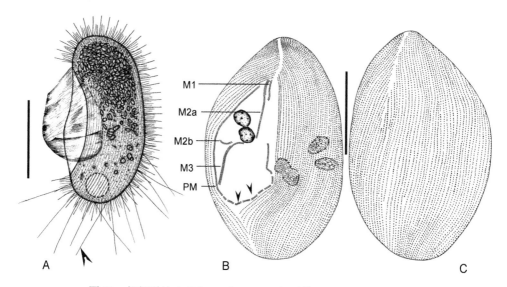

图 32　相似裂纱虫 Schizocalyptra similis（仿 Wang et al.，2008a）

A. 活体腹面观；B 和 C. 纤毛图式腹面观（B）和背面观（C），B 中无尾箭头示口侧膜后端的毛基体片段；M1. 小膜 1；M2a. 小膜 2 前部分；M2b. 小膜 2 后部分；M3. 小膜 3；PM. 口侧膜（比例尺：50 μm）

形态　活体大小（120～170）μm ×（60～90）μm，橄榄形或长橄榄形；左右侧扁，宽厚比 1∶2。表膜硬朗，其下整齐排列射出体。口区明显且深陷，占体长约 60%，具有明显呈帆状的口侧膜。虫体前半部含大量扁豆状颗粒故呈黑色。大核多变：1枚带状大核，或2~10枚近球形大核聚集在一起。1枚伸缩泡，直径约20 μm，位于虫体尾端。针芒状刚毛长约15 μm，在虫体全身呈放射状分布，但口区处不可见；体纤毛长约10 μm；约10根尾纤毛，长约30 μm。

运动方式为绕虫体纵轴快速旋转，间或静止于培养皿底部。

63~83列体动基列，由单动基系构成，形成明显的口前和口后缝合线。

口侧膜约占体长的65%，其后部断裂成6~11个片段。小膜1短小，含2列毛基体；小膜2a含3列毛基体，最左侧1列延伸距离短于小膜1；小膜2b轻微卷曲，含2列毛基体；小膜3与小膜2a等长，含3列毛基体。

标本采集　2007年7月7日采集于山东青岛潮间带沙滩近排污口处，水温约14℃，盐度约27‰。

标本保藏　正模标本片保存于英国自然历史博物馆（编号：2008：6：11：1），1张副模标本片保存于中国海洋大学原生动物学研究室（编号：WYG-20070607-01）。

（六）鱼钩虫科 Ancistridae Issel, 1903

Ancistridae Issel, 1903, Mitt. Zool. Sta. Neapel., 16: 65-108

虫体小或中等大小，全身具纤毛，左前背侧有趋触性纤毛区。口区延展至接近虫体全长，口纤毛明显，小膜2很长，胞口位于后端。

该科全球记载8属，中国记录1属。

13. 鱼钩虫属 *Ancistrum* Maupas, 1883

Ancistrum Maupas, 1883, Arch. Zool. Exp. Gén., 1: 427-664

形态　虫体一般呈细长三角形，前端尖、末端钝圆。口侧膜始于近虫体前端的缝合线，止于体后，形成一环绕结构。虫体后部普遍存在裸毛区。

种类及分布　全球记载9种，中国发现4种。

种检索表

1. 体动基列数大于20 ·· 2
   体动基列数小于20 ·· 3
2. 小膜3含2列毛基体 ·· 鲍鱼钩虫 *A. haliotis*
   小膜3含3列毛基体 ·· 尖鱼钩虫 *A. acutum*
3. 体动基列中双动基系占一半以上 ·· 厚鱼钩虫 *A. crassum*
   体动基列中双动基系占一半以下 ·· 日本鱼钩虫 *A. japonicum*

（33）鲍鱼钩虫 *Ancistrum haliotis* Xu, Song & Warren, 2015（图33）

Ancistrum haliotis Xu, Song & Warren, 2015, Acta Protozool., 54: 195-207

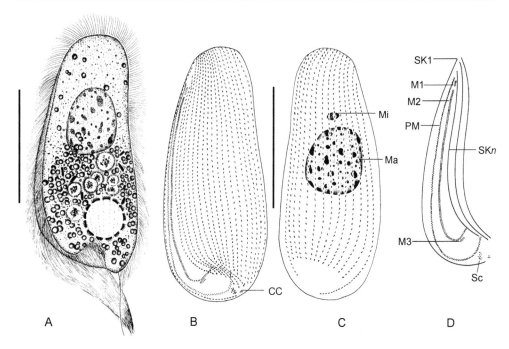

图 33 鲍鱼钩虫 Ancistrum haliotis（仿 Xu et al., 2015）

A. 活体左侧观；B 和 C. 纤毛图式左侧观（B）和右侧观（C）；D. 口区结构；CC. 尾纤毛基体；Ma. 大核；Mi. 小核；M1～3. 小膜 1～3；PM. 口侧膜；Sc. 盾片；SK1、n. 第 1 和第 n 列体动基列（比例尺：30 μm）

形态 活体大小（50～75）μm ×（20～30）μm，侧视呈近似四边形，最宽处在虫体后 1/4 处；两侧扁平，宽厚比约为 1∶2，腹侧轻微突出，背侧在体前 1/3 略内凹，而在接近尾端口区时具有一突起。虫体前半部无色透明，后半部因内含大量食物泡与小液滴而不透明。1 枚大核，长椭球形，内含球形核仁；1 枚椭圆形小核，位于大核前端。1 枚伸缩泡，位于尾部。体纤毛长约 10 μm，左侧前端纤毛坚硬且排列致密，形成趋触性区域；单根尾纤毛，长约 15 μm；前端口纤毛长约 10 μm，后端口纤毛长 25 μm，形成明显的刷状结构。

运动方式为绕虫体纵轴慢速旋转，间或通过趋触性纤毛以 45° 附着于基质上。

28～32 列体动基列，虫体左侧分布略多于右侧，主要由双动基系构成。第 1 体动基列除末端外，与口侧膜平行。通常左腹侧 6 列体动基列末端明显向背面弯曲。右侧 12 列体动基列在末端缩短，在虫体末端 1/5 的区域形成显著的裸毛区。

口侧膜十分明显，约占体长 85%。小膜 1 与小膜 3 几乎等长，皆由排成 2 列的约 10 个毛基体构成；小膜 2 呈 "L" 形，含 2 列纵向的毛基体，约占体长 70%。盾片呈斑块状，含 6 对毛基体，邻近尾毛复合体。

标本采集 采集于宿主皱纹盘鲍（Haliotis discus hannai）的鳃和外套腔，宿主来源于山东青岛一海水养殖场。

标本保藏 正模标本片保存于中国海洋大学原生动物学研究室（编号：MD-951022-01），2 张副模标本片分别保存于英国自然历史博物馆（编号：NHMUK 2014.4.8.1）和中国科学院海洋生物标本馆（编号：MD-951022-03）。

（34）尖鱼钩虫 *Ancistrum acutum* Xu, Song & Warren, 2015（图 34）

Ancistrum acutum Xu, Song & Warren, 2015, Acta Protozool., 54: 195-207

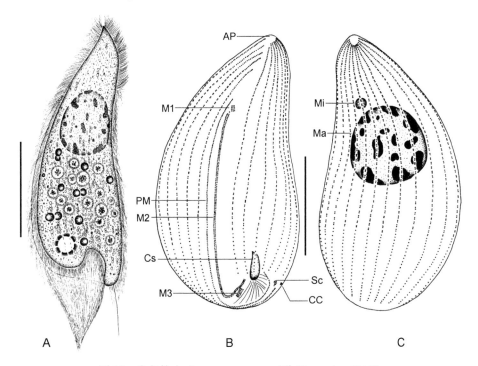

图 34　尖鱼钩虫 *Ancistrum acutum*（仿 Xu et al., 2015）
A. 活体腹面观；B 和 C. 纤毛图式腹面观（B）和背面观（C）；AP. 顶端裸毛区；CC. 尾纤毛基体；Cs. 胞口；Ma. 大核；Mi. 小核；M1~3. 小膜 1~3；PM. 口侧膜；Sc. 盾片（比例尺: 30 μm）

形态 活体大小（80~110）μm ×（25~35）μm，侧面观呈近似三角形，前端尖而末端钝圆，虫体后 1/3 处最宽；腹侧微凸，背侧前 2/3 呈"S"形。表膜下具皮层颗粒，排列较为松散。口区约占体长 3/4。虫体前端胞质清透；后端含大量液滴和直径约 5 μm 的食物泡。1 枚椭球形大核，约 23 μm × 19 μm，通常位于虫体前端；1 枚小核，位于大核前端。1 枚伸缩泡，位于胞口前方，靠近腹面。体纤毛长约 10 μm，虫体背侧前端纤毛排列致密且坚硬，形成趋触性区域；单根尾纤毛，长约 20 μm；口纤毛发达，前部长约 10 μm，后部长约 25 μm，形成笔刷状结构。

运动方式为慢速游动，伴随绕虫体纵轴旋转，或以趋触区附着于基质上。

21~25 列体动基列，其中 11~13 列位于左侧，10~12 列位于右侧；前 2/3 主要为双动基系，后 1/3 主要为单动基系。虫体左腹侧及背侧体动基列延伸至顶端形成裸毛区。除了口左侧几列外，大部分体动基列向后延伸至虫体尾端。

口侧膜与第 1 列体动基列平行，前端超过小膜 1。小膜 1 短小，含排成 3 列的 12 个毛基体；小膜 2 呈"L"形，含 2 列纵向的毛基体，约占体长的 2/3；小膜 3 位于小膜 2 后方，含 18 个斜向排成 3 列的毛基体。盾片呈斑片状，邻近尾纤毛复合体。

标本采集 分离自宿主蛤蜊（*Mactra veneriformis*）的鳃表和外套腔，宿主来源于山东日照海区。

标本保藏 正模标本片保存于中国海洋大学原生动物学研究室（编号：RZ-950428-32），1 张副模标本片保存于英国自然历史博物馆（编号：NHMUK 2014.4.8.2）。

（35）厚鱼钩虫 *Ancistrum crassum* Fenchel, 1965（图 35）

Ancistrum crassum Fenchel, 1965, Ophelia, 2: 71-174

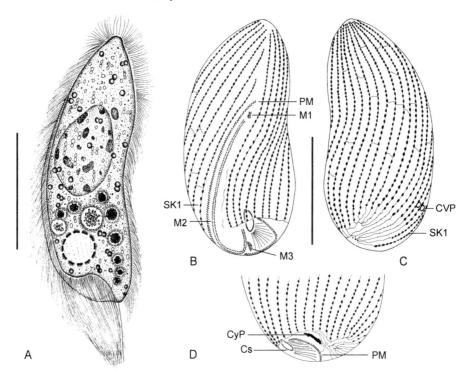

图 35 厚鱼钩虫 *Ancistrum crassum*（仿徐奎栋，1999）

A. 活体左侧观；B 和 C. 纤毛图式与银线系左腹侧观（B）和右侧观（C）；D. 虫体后端；Cs. 胞口；CVP. 伸缩泡开孔；CyP. 胞肛；M1~3. 小膜 1~3；PM. 口侧膜；SK1. 第 1 列体动基列（比例尺：30 μm）

形态 活体大小（50～70）μm×（15～25）μm，通常为 60 μm × 20 μm；左右扁平，宽厚比约为 1：2；前端略尖，后端钝圆，腹面轻微外突而背面内凹，尾端形成一个锥形的突起。表膜下具皮层颗粒，沿着纤毛列或聚集或散布。口区约占体长 2/3。虫体前半部胞质清透；后半部因含多个食物泡呈灰黑色。1 枚大核，侧面观约 23 μm × 10 μm；1 枚小核，椭球形，紧邻大核。1 枚伸缩泡，位于胞口前方，靠近腹面，直径 5～6 μm。体纤毛长约 8 μm；单根尾纤毛，长约 18 μm；口区前部口纤毛长约 16 μm，后部增长至 25～30 μm 展开呈刷状。

运动方式为绕虫体纵轴旋转，通常不活跃，以趋触区吸附于宿主鳃丝上。

20～33 列体动基列在左、右两侧均匀分布，在胞口之前的区域基本为双动基系。口区右侧数列体动基列前端渐次缩短；右侧大部分体动基列末端缩短，在虫体后部区域形成裸毛区。

口侧膜占体长 63%，末端呈鱼钩状，前端超出小膜 1。小膜 1 短小，含 2 或 3 列毛基体；小膜 2 呈"L"形，由 2 列毛基体构成，约占体长 1/3；小膜 3 靠近小膜 2 末端，与小膜 1 长度相仿。胞口位于小膜 2 和口侧膜的末端之间，通过口肋与口侧膜相连接。盾片呈斑块状，邻近尾毛复合体。

银线系主要由连接毛基体的纵向银线和连接纤毛列的疏松的横向银线构成，所有体动基列末端由银线相联系；口区银线弯曲且不连续。

标本采集 分离自山东及福建沿海产的紫石房蛤（*Saxidomus purpuratus*）、菲律宾蛤仔（*Ruditapes philippinarum*）、中国朽叶蛤（*Caecella chinensis*）、杂色蛤仔（*Ruditapes variegata*）的鳃表和外套腔。

标本保藏 2 张凭证标本片保存于中国海洋大学原生动物学研究室（编号：RC-980430-01；RC-980430-02）。

（36）日本鱼钩虫 *Ancistrum japonicum* Uyemura, 1937（图 36）

Ancistrum japonicum Uyemura, 1937, Sci. Rep. Tokyo Bunr. Daig. B., 3: 115-125

形态 活体大小（60～90）μm×（18～30）μm，通常 80 μm × 25 μm，侧面观近楔状；前端窄圆，末端背侧具有突起，两侧扁平，宽厚比为 1：（3～4）。口区约占体长 4/5。表膜柔软，其下具有沿纤毛列疏松排布的皮层颗粒。虫体前部胞质透明；后部因内含大量颗粒与食物泡而呈灰黑色。1 枚大核，卵形，位于虫体中部或前 1/2；1 枚球形小核，位于大核前端。伸缩泡位于胞口之前靠近腹面，直径 5～8 μm。体纤毛长 10～15 μm，虫体前端纤毛僵硬且排列致密，形成趋触性区域；1 根尾纤毛，长约 20 μm；口区前部纤毛长约 15 μm，后部增长至约 25 μm 展开呈刷状。

运动方式为绕虫体纵轴旋转，或以趋触区附着于基质上。

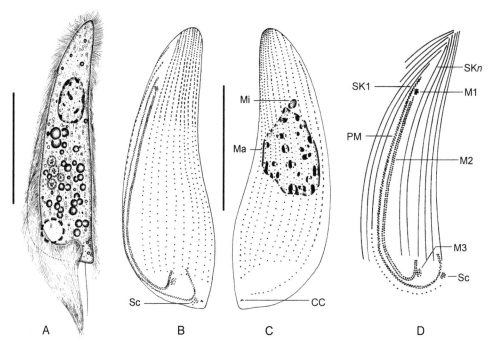

图 36 日本鱼钩虫 Ancistrum japonicum（仿 Xu et al., 2015）
A. 活体腹面观；B 和 C. 纤毛图式腹面观（B）和背面观（C）；D. 口区结构；CC. 尾纤毛基体；Ma. 大核；Mi. 小核；M1~3. 小膜 1~3；PM. 口侧膜；Sc. 盾片；SK1、n. 第 1 和第 n 列体动基列（比例尺：30 μm）

18~21 列体动基列，左、右两侧均匀分布，前 1/3 主要为双动基系，后 2/3 为单动基系。口区右侧几列体动基列前端渐次缩短；除第 1 列外，其他体动基列后端不延伸至尾端，形成明显的裸毛区。

口侧膜与第 1 列体动基列并行，于虫体末端形成弯钩。小膜 1 短小，含 2 或 3 列斜向的毛基体；小膜 2 呈钩状，含 2 列纵向的毛基体，长度约占体长的 2/3；小膜 3 含 10 个排成 3 列的毛基体。盾片呈斑块状，邻近口侧膜末端和尾毛复合体。

标本采集 分离自宿主青蛤（Cyclina sinensis）和日本镜蛤（Dosinia japonica）的鳃与外套腔，宿主来源于山东日照沿海。

标本保藏 新模标本片（编号：RZ-950428-21）和 1 张新副模标本片（编号：RZ-950428-20）保存于中国海洋大学原生动物学研究室。

（七）半旋虫科 Hemispeiridae König, 1894

Hemispeiridae König, 1894, S. B. Akad. Wiss., Wien, Math-nat. Kl., 103: 55-60

虫体较小，纤毛通常遍布虫体（有例外种）。口区位于虫体后 1/3 处，小膜 2 呈钩状或显著弯曲，甚至循环缠绕虫体后端。

该科全球已知7属，中国记录1属。

14. 后口虫属 *Boveria* Stevens, 1901

Boveria Stevens, 1901, Proc. Calif. Acad. Sci., 3: 1-42. **模式种**: *Boveria subcylindrica* Steven, 1901

形态 口器位于虫体后端，口侧膜和小膜2绕行于虫体口区，第1列体动基列后部与口侧膜并行。为海洋双壳贝类外套腔及海参纲棘皮动物呼吸器官的寄生虫。

种类及分布 该属全球记载4种，中国记录2种。

种检索表

1. 虫体桶状，小膜2和口侧膜绕口区1周 ································· 亚桶形后口虫 *B. subcylindrica*
   虫体瓶状，小膜2和口侧膜绕口区近2周 ······························ 唇形后口虫 *B. labialis*

（37）亚桶形后口虫 *Boveria subcylindrica* Steven, 1901（图37）

Boveria subcylindrica Steven, 1901, Proc. Calif. Acad. Sci, 3: 1-42

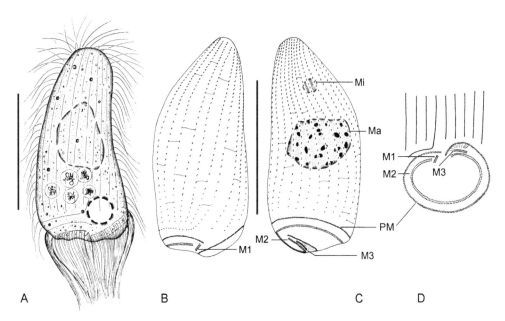

图37 亚桶形后口虫 *Boveria subcylindrica*（仿徐奎栋和宋微波，2000b）
A. 活体腹面观；B和C. 纤毛图式侧腹面观（B）和侧背面观（C）；D. 口区结构；Ma. 大核；Mi. 小核；M1～3. 小膜1～3；PM. 口侧膜（比例尺: 30 μm）

形态 活体大小（45～65）μm×（20～25）μm，背腹最大厚度位于后端，约

22 μm；虫体前端钝圆，前半部向左侧弯曲。口区位于尾部，故尾端明显不规则。胞质较透明，虫体后部含多个食物泡，直径约 5 μm。1 枚大核，呈不规则椭球形；1 枚球形小核，位于大核前端。1 枚伸缩泡位于后部。体纤毛长约 8 μm，虫体左侧及背侧顶端的纤毛形成趋触性区域，可附着于基质上；口纤毛长 25～30 μm，呈毛刷状聚集。

运动通常不活跃，游动时绕虫体纵轴旋转。

21～28 列体动基列，为混合动基系。第 1 列体动基列较长，后端与口侧膜平行。

口侧膜在虫体后端绕行约 1 周。小膜 1 最短，含 2 列毛基体；小膜 2 含 2 列毛基体，与口侧膜并行；小膜 3 位于小膜 2 与口侧膜之间。胞口位于小膜 3 和口侧膜之间。

标本采集 分离自宿主栉江珧（*Pinna pectinata*）的鳃表与外套腔，宿主来源于山东青岛渔货市场。

标本保藏 1 张凭证标本片保存于中国海洋大学原生动物研究室（编号：XKO-98530）。

（38）唇形后口虫 *Boveria labialis* Ikeda & Ozaki, 1918（图 38）

Boveria labialis Ikeda & Ozaki, 1918, J. Coll. Sci. Tokyo, 40: 1-25.

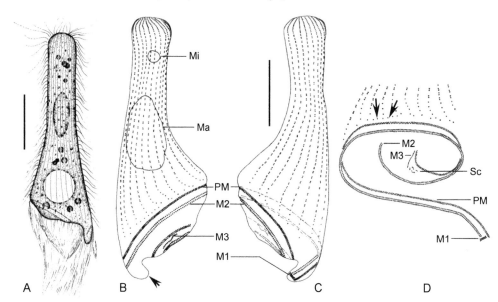

图 38 唇形后口虫 *Boveria labialis*（仿 Long et al.，2006）

A. 活体腹面观；B 和 C. 纤毛图式侧背面观（B）和侧腹面观（C），B 中箭头示口区的突起；D. 口区结构，箭头示口侧膜与小膜 2 形成绕口区近 2 周的螺旋；Ma. 大核；Mi. 小核；M1～3. 小膜 1～3；PM. 口侧膜；Sc. 盾片（比例尺：20 μm）

形态 活体大小（30～100）μm ×（15～30）μm，通常 70 μm × 25 μm，长颈

瓶状；虫体前端细长，两侧平行，后部渐宽并在口区达到最宽。口区着生明显的突起片，长 5~9 μm。表膜较薄，无活体状态下可见的射出体。胞质无色透明，内含大量折光颗粒和若干小食物泡。1 枚球形大核；1 枚球形小核，位于大核前端。1 枚伸缩泡，直径约 12 μm，靠近口区。纤毛大部分长 5~7 μm；虫体反口端的体纤毛长约 12 μm，形成趋触性区域，用于吸附宿主组织；口纤毛长约 25 μm。

运动方式为绕虫体纵轴中速旋转，随后附着于培养皿壁或底部，通常不活跃。

17~22 列体动基列，仅在邻近口侧膜的小部分区域为单动基系，其他区域为双动基系；反口端毛基体排列特别紧密。

口侧膜由呈"之"字形排列的毛基体构成。小膜 1 含 2 列毛基体，位于口区的突起之上；小膜 2 含 2 列毛基体，与口侧膜几乎等长，两者一同形成绕口区近 2 周的逆时螺旋；小膜 3 短小，含 1 列毛基体。盾片稀疏地分布在小膜 3 附近。

标本采集　分离自宿主日本刺参（*Apostichopus japonicus*）的呼吸树内壁，宿主来源于辽宁大连一近岸养殖场，水温约 20℃，盐度约 27‰。

标本保藏　3 张凭证标本片保存于中国海洋大学原生动物学研究室（编号：LHA-20041220-01-1；LHA-20041220-01-2；LHA-20041220-01-3）。

二、嗜污目 Philasterida Small, 1967

虫体通常较小，卵形至长椭圆形。口区一般位于身体前半部，口侧膜短于口纤毛器其他结构，口腔壁不具有口肋。典型的盾片常位于明显的定向子午线的前端。

该目全球记载 14 科，中国记录 10 科。

科检索表

1. 口区位于体后部，口纤毛器退化 ·· 2
   口区位于虫体赤道线之前，口纤毛器不退化 ·· 3
2. 部分区域纤毛具有趋触性 ·· 吸触虫科 Thigmophryidae
   无趋触性纤毛区 ··· 隐唇虫科 Cryptochilidae
3. 小膜 1 与第 *n* 列体动基列形成显著假"双膜"结构 ················ 康纤虫科 Cohnilembidae
   无显著假"双膜"结构 ··· 4
4. 小膜 1 与小膜 2 左右平行排列 ··· 伪康纤虫科 Pseudocohnilembidae
   小膜 1 和小膜 2 前后排列 ··· 5
5. 小膜 2 高度发达，长为小膜 1 的 3 倍以上 ···································· 拟舟虫科 Paralembidae
   小膜 2 长不为小膜 1 的 3 倍以上 ··· 6
6. 左右显著扁平，尾部有突起 ··· 内扇虫科 Entorhipidiidae
   左右不扁平，尾部无突起 ··· 7
7. 小膜 1 三角形 ·· 嗜污虫科 Philasteridae

小膜 1 线状 ··· 8
8. 虫体前端平截且具裸毛区，盾片三角形排列 ···················· 尾丝虫科 Uronematidae
　　虫体前端不平截，盾片线形排列 ··· 9
9. 盾片位于口后区中线 ··· 精巢虫科 Orchitophryidae
　　盾片位于口后区中线偏左 ··· 拟尾丝虫科 Paurauronematidae

（八）吸触虫科 Thigmophryidae Chatton & Lwoff, 1926

Thigmophryidae Chatton & Lwoff, 1926, Bull. Soc. Zool. Fr., 51: 345-352

　　虫体中等大小，两侧扁平。体纤毛密集，前部左侧纤毛具有趋触性。口区位于体后端 1/4 处，口纤毛器退化，口侧膜和口区小膜均不明显。大核球形或椭球形，有时呈带状或腊肠形。通常共栖生于海洋双壳贝类体内。

　　该科全球记载 6 属，中国记录 2 属。

属检索表

1. 腹面缝合线左侧的数列体动基列绕行于口腔内壁 ··················· 吸触虫属 *Thigmophrya*
　　腹面缝合线右侧的数列体动基列绕行于口腔内壁 ··················· 粘叶虫属 *Myxophyllum*

15. 吸触虫属 *Thigmophrya* Chatton & Lwoff, 1923

Thigmophrya Chatton & Lwoff, 1923, C. R. Ac. Sc. Paris, 177: 81-84. **模式种**: *Thigmophrya bivalviorum* Chatton & Lwoff, 1923

　　形态　虫体通常长肾形。体动基列多，在前部与后部形成缝合线。腹面缝合线左侧的数列体动基列绕行于口腔内壁，缝合线右侧另有数列体动基列折向口腔方向。胞口位于体后部，口区小膜退化为多个无序排布的毛基体。

　　种类及分布　全球记载 10 种，中国发现 1 种。

（39）双壳吸触虫 *Thigmophrya bivalviorum* Chatton & Lwoff, 1926（图 39）

Thigmophrya bivalviorum Chatton & Lwoff, 1926, Bull. Soc. Zool. Fr., 51: 345-352

　　形态　活体腹面观大小（110~180）μm ×（110~180）μm，厚 40~50 μm；前后端均钝圆，后部宽于前部，侧面观体前部向背面略弯曲。胞口位于体后端约 1/4 处。胞质较透明，大量小的内质颗粒分布于体前部，体后则具有多个纺锤状结晶体和内质小颗粒。通常 1 枚大核，少数个体 2 枚；小核 1 枚，位于大核上方。伸缩泡直径约 15 μm，位于体后 1/4 处。虫体的前端纤毛较密，形成趋触区，体纤毛长 7~8 μm。体后端具一簇较密集纤毛，其中显著较长的一根为尾纤毛，长约 15 μm。

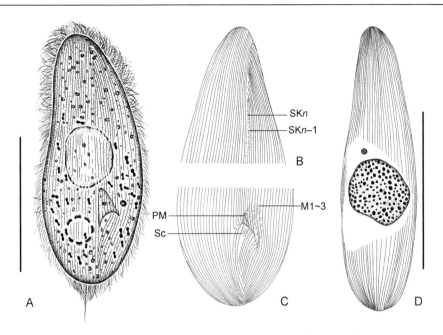

图39 双壳吸触虫 Thigmophrya bivalviorum（仿徐奎栋和宋微波，2000a）
A. 活体腹面观；B. 纤毛图式前腹面观；C. 口器与纤毛图式后腹面观；D. 纤毛图式与核器；M1~3. 小膜1~3；PM. 口侧膜；Sc. 盾片；SKn-1、n. 第 n-1 和第 n 列体动基列（比例尺：80 μm）

运动不活跃，附着力较小。

66~77列体动基列，其中腹面38~45列，背面26~33列。虫体前端体动基列具显著缝合线，缝合线左侧的第1、2列体动基列较其他体动基列短且毛基体排列较疏松。腹面体动基列被胞口下方的缝合线分为左、右两部分，右侧靠近缝合线的3列体动基列及左侧的第1~7列体动基列均弯曲且未经特化向左折向口腔。

在口腔内，口侧膜呈"之"字形排列，其一侧为无序排列的一片毛基体，可能为口区小膜退化后的"遗迹"。盾片为近胞口处多个无序分布的毛基体。

标本采集 分离自宿主紫石房蛤（*Saxidomus purpuratus*）的鳃表和外套腔，宿主采集自山东烟台海区。

标本保藏 1 张凭证标本片保存于中国海洋大学原生动物学研究室（编号：XKD-98317）。

16. 粘叶虫属 *Myxophyllum* Raabe, 1934

Myxophyllum Raabe, 1934, Mem. Acad. Pol. Sci. Lettr. Ser. B. Sci. Nat, 1934: 221-235. **模式种**: *Myxophyllum steenstrupi* (Stein, 1861) Raabe, 1934.

形态 虫体背腹高度扁平，体纤毛同律并密集排列。腹面缝合线右侧的数列体动基列绕行于口腔内壁。胞口位于体后部。

种类及分布 全球记载 2 种，在中国发现 1 种。

（40）大粘叶虫 *Myxophyllum magnum* Xu & Song, 2000（图 40）

Myxophyllum magnum Xu & Song, 2000, J. Ocean Univ. Qingdao, 30: 224-229

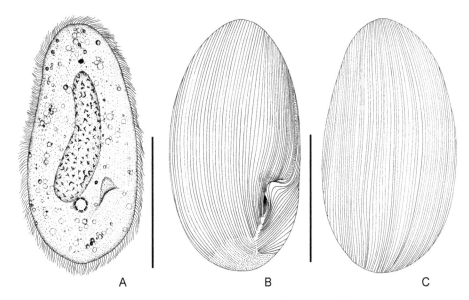

图 40 大粘叶虫 *Myxophyllum magnum*（仿徐奎栋和宋微波，2000a）
A. 活体腹面观；B 和 C. 纤毛图式腹面观（B）和背面观（C）（比例尺：100 μm）

形态 活体大小（160～240）μm ×（60～130）μm，腹面观长椭圆形；前后钝圆，背腹高度扁平。胞口位于体后约 1/3 处。胞质较透明，常分布有多个直径为 5～8 μm 的内质颗粒。大核长棒状，大小（80～128）μm ×（23～38）μm；小核直径约 5 μm，位于大核的左下侧并靠近口腔。1 枚伸缩泡，位于体后部 1/4 处。体纤毛长 6～8 μm，无尾纤毛。

运动较活跃，具有较强的吸附力。

215～238 列体动基列，其中腹面 112～121 列，背面 101～120 列。腹面体动基列可通过缝合线分为左、右两部分，在右侧体动基列中，约 8 列未经特化弯曲伸入口腔，左侧 4～6 列体动基列在口区处朝右弯曲。

第 1 列体动基列的左侧另有约 2 列排布较为疏松的毛基体，可能为虫体退化的口侧膜及 3 片口区小膜。

标本采集 1995 年 10 月 15 日分离自宿主缢蛏（*Sinonovacula constricta*）的鳃表和外套腔，宿主采自青岛即墨海区，水温约 21℃；盐度约为 30‰。

标本保藏 正模标本片（编号：JM-951015-01）和 1 张副模标本片（编号：JM-951015-02）保存于中国海洋大学原生动物学研究室。

（九）隐唇虫科 Cryptochilidae Berger in Corliss, 1979

Cryptochilidae Berger in Corliss, 1979, London & New York: Pergamon Press: 455

　　虫体中等大小或很大，通常两侧扁平，前后两端尖。尾部具有明显的突起，着生1或多根纤毛。口区位于虫体赤道线之后，小膜2（相对其他小膜）发达。常共栖于海胆等生物消化道内。

　　该科全球记载8属，中国记录1属。

17. 彼格虫属 *Biggaria* Aescht, 2001

Biggaria Aescht, 2001, Denisia, 1: 1-350. **模式种**: *Biggaria bermudensis* (Biggar & Wenrich, 1932) Aescht, 2001

　　形态　虫体两端尖，左右侧扁，呈叶片状。尾部具有明显的突起，着生1簇尾纤毛。口区位于体后部；小膜1单列或缺失，小膜2三角形，小膜3不明显；口侧膜前端起始于小膜2右侧中部。

　　种类及分布　全球记载8种，在中国发现3种。

种检索表

1. 1枚大核···2
   多枚大核···多核彼格虫 *B. polynucleatum*
2. 大核球形···百慕大彼格虫 *B. bermudensis*
   大核卷柏形···卷柏核彼格虫 *B. caryoselaginelloides*

（41）多核彼格虫 *Biggaria polynucleatum* (Nie, 1934) Zhang, 1963（图41）

Cryptochilidium polynucleatum Nie, 1934, Rep. Mar. Biol. Assoc. China, 1934: 81-90
Biggaria polynucleatum (Nie, 1934) Zhang, 1963, Oceanol. Limnol. Sini., 5: 215-225

　　形态　活体大小（55～75）μm ×（26～36）μm，腹面观叶片状，左右侧扁；侧面观反口侧边缘前端弯向口区一侧。虫体前端略尖，尾部钝圆，并具一乳状突起，其上着生尾纤毛。表膜厚且坚实。口区位于体前端1/5～1/4处，口区表膜向外伸出，形成1个自口区下边缘延伸至体中部的不可伸缩的瓣膜。大量食物泡聚集于虫体后端。大核1～13枚，通常2、4或7枚；小核恒为1枚，球形。1枚伸缩泡位于体后端。

　　体纤毛纵向成列，前端较后端排列密集，纤毛列在腹面体后1/10处形成明显的缝合线。右侧体纤毛22～24列，左侧16～18列。

　　标本采集　1933年首次分离自采集于厦门湾的紫海胆（*Anthocidaris crassispina*）。1958年和1961年在海南至厦门海域的紫海胆、斜长海胆（*Echinometra mathaei oblonga*）、刺冠海胆（*Diadema setosum*）等多种海胆中都有发现。

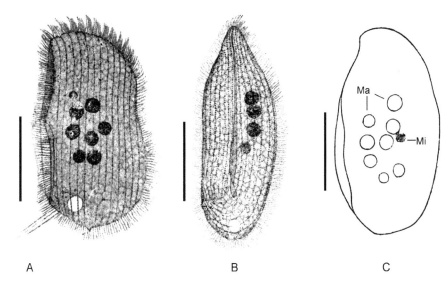

图41 多核彼格虫 *Biggaria polynucleatum*（仿 Nie，1934）
A. 活体左侧观；B. 活体腹面观；C. 示大核（Ma）与小核（Mi）（比例尺：25 μm）

标本保藏 不详。

（42）百慕大彼格虫 *Biggaria bermudensis* (Biggar & Wenrich, 1932) Aescht, 2001
（图42）

Cryptochiluml bermudensis Biggar & Wenrich 1932, J. Parasit., 18: 252-257
Biggaria bermudensis (Biggar & Wenrich 1932) Aescht, 2001, Denisia, 1: 1-350

形态 活体大小（150～200）μm ×（75～100）μm，背腹扁平；腹面观口侧边缘笔直，而反口侧边缘平缓弯曲。体前端具鸟喙状突起，腹面观时弯向口区一侧，侧面观时弯向背侧；虫体尾端具指状突起，其上着生尾纤毛。表膜在纤毛列之间形成棱状突起。口区位于体后端 2/5 处，位于体左侧边缘表膜凹陷处。胞质无色透明，包含大量球形颗粒，直径 1.5～2.5 μm。大核 1 枚，位于体中部。左侧体动基列前端明显弯曲，较其他区域毛基体排列更密集。体纤毛长约 17 μm；尾纤毛约 5 根，长约 25 μm。

运动方式为似风中叶片飘落状悬游于水中，或匍匐于基底缓慢移动。

40～52 列体动基列，右侧 21～27 列，左侧 18～24 列。

口侧膜前端起始于小膜 2 中部，平缓弯曲。盾片位于口侧膜后方，由多个毛基体呈直线排列构成。

银线系包含疏松排列于纤毛列之间的网格，每个网格包含相邻体动基列的 4 或 5 个毛基体。

标本采集 1958 年发现于厦门至海南海域的多种海胆中。2007 年 4 月 26 日

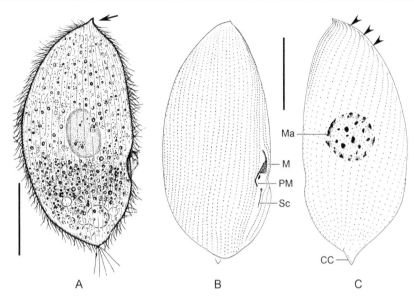

图 42 百慕大彼格虫 *Biggaria bermudensis*（仿 Fan et al., 2017）
A. 活体右侧观，箭头示前端的突起；B 和 C. 纤毛图式右侧观（B）及左侧观（C），无尾箭头示体动基列前端弯曲并排列密集的毛基体；CC. 尾纤毛基体；M. 口区小膜；Ma. 大核；PM. 口侧膜；Sc. 盾片（比例尺：50 μm）

分离自青岛海区所产马粪海胆（*Hemicentrotus pulcherrimus*）的消化道内。2007 年 5 月 3 日分离自大连海区所产海刺猬（*Glyptocidaris crenularis*）的消化道内。

标本保藏　2 张凭证标本片保存于中国海洋大学原生动物学研究室（编号：FXP-20070426-01；FXP-20070426-02）。

（43）卷柏核彼格虫 *Biggaria caryoselaginelloides* Zhang, 1958（图 43）

Biggaria caryoselaginelloides Zhang, 1958, Acta Zool. Sinica, 10: 443-446

形态　活体大小 150 μm × 80 μm，似字母"D"，虫体扁平；自前额沿弓背缘向后至中腰处，沿边缘有许多锯齿状缺刻。前端锯齿略小，其余部分锯齿较大，锯齿数目为 28~32。体后端钝圆，无尾状突起，无尾纤毛。口区位于弓弦体后部边缘，位于体后 1/4~1/3 处。胞质灰暗不透明，稠密，遍布大量形状不规则的小颗粒，大量食物泡分布于体后端。大核形状独特，从中央向周围伸出许多分枝，各枝上有球形或半球形的缺刻，形如卷柏的叶子；小核 1 枚，圆球形，位于大核附近；大核长约 30 μm，宽约 45 μm，小核直径约为 4 μm。

60~68 列体动基列。腹面与背面体动基列毛基体稀疏程度有差别：背面的毛基体彼此间距离较近；腹面除边缘几列毛基体较密外，其他毛基体间距离较远。

标本采集　1958 年 5 月分离自宿主裂铠船蛆（*Teredo manni*）的外套腔中，宿主采集自海南海口附近的曲口海域。

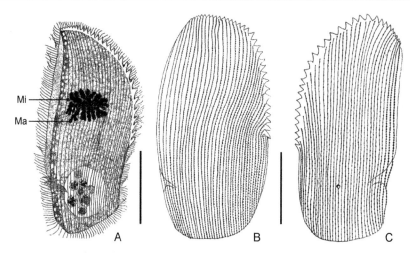

图 43　卷柏核彼格虫 *Biggaria caryoselaginelloides*（仿张作人，1958）
A. 活体左侧观；B 和 C. 纤毛图式左侧观（B）及右侧观（C）；Ma. 大核；Mi. 小核（比例尺：50 μm）

标本保藏　不详。

（十）康纤虫科 Cohnilembidae Kahl, 1933

Cohnilembidae Kahl, 1933, Leipzig: Akademische Verlagsgesellschaft: 29-146

　　虫体细长、指状，体前端渐细。口区延伸至虫体最前端，小膜 1 明显长于另外两片小膜，且与紧密排列的第 n 列体动基列前端的双动基系共同形成显著的假"双膜"结构。

　　该科全球仅记载 1 属，中国记录 1 属。

18. 康纤虫属 *Cohnilembus* Kahl, 1933

Cohnilembus Kahl, 1933, Leipzig: Akademische Verlagsgesellschaft: 29-146. **模式种**: *Cohnilembus verminus* (Müller, 1786) Kahl, 1933

　　形态　同科的特征。

　　种类及分布　全球记载 9 种，国内仅于山东发现 1 种。

（44）蠕状康纤虫 *Cohnilembus verminus* (Müller, 1786) Kahl, 1933（图 44）

Cohnilembus verminus Kahl, 1933, Leipzig: Akademische Verlagsgesellschaft: 29-146

　　形态　活体大小（50～95）μm×（10～20）μm。虫体柔软，体前部可自由摆动。表膜具显著缺刻，纤毛着生于凹陷内。胞口位于体中央。虫体无色，胞质常包含大量球形颗粒，多个空泡或食物泡常出现于体后部。1 枚椭球形大核，位于体中部、胞口后方。1 根尾纤毛，长 12～15 μm。

　　运动方式为水中直线快速游动，或于底质上静息不动。

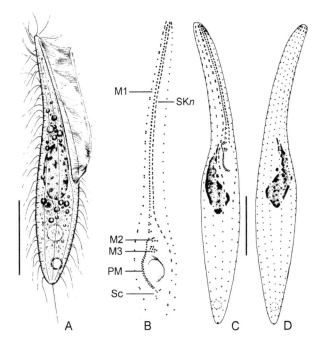

图44 蠕状康纤虫 *Cohnilembus verminus*（仿 Song，2000）
A. 活体右侧观；B. 口区结构；C 和 D. 纤毛图式腹面观（C）和背面观（D）；M1～3. 小膜 1～3；PM. 口侧膜；Sc. 盾片；SKn. 第 n 列体动基列（比例尺：20 μm）

9～11 列体动基列，均为混合动基系。第 n 列体动基列前 1/2 毛基体排列紧密并紧靠小膜 1，其他体动基列毛基体均匀分布。

口侧膜短小，包围小膜 2、3 及胞口。小膜 1 纵向单列，从体前端延伸至体中部，由数十个毛基体组成；小膜 2 和 3 不明显，仅包含若干毛基体。盾片含 3 对毛基体，排布成"Y"形。

标本采集 1990 年左右频繁发现于山东青岛近岸水体及海阳贝类养殖池塘，盐度 30‰～33‰。2009 年 5 月 11 日采集于山东潍坊昌邑室内育苗厂养殖池。

标本保藏 1 张凭证标本片保存于中国海洋大学原生动物学研究室（编号：FXP-20090511-01）。

（十一）伪康纤虫科 Pseudocohnilembidae Evans & Thompson, 1964

Pseudocohnilembidae Evan & Thompson, 1964, J. Protozool., 11: 344-352.

虫体很小，细长梨形。口区长，小膜纵轴线几乎平行于虫体纵轴，口侧膜与小膜 1 在一条线上且不易区分，小膜 1 和 2 及口侧膜共同构成发达的旗状小膜；小膜 3 退化。

该科全球记载 1 属，中国记录 1 属。

19. 伪康纤虫属 *Pseudocohnilembus* Evans & Thomspon, 1964

Pseudocohnilembus Evan & Thompson, 1964, J. Protozool., 11: 344-352. **模式种**: *Pseudocohnilembus hargisi* Evans & Thompson, 1964

形态 同科的特征。

种类及分布 全球已知 9 种，在中国发现 2 种。

种检索表

1. 虫体长椭圆形，体动基列 12～14 列 ··· 哈氏伪康纤虫 *P. hargisi*
   腹面观似水滴状，体动基列 6 或 7 列 ··· 水滴伪康纤虫 *P. persalinus*

（45）哈氏伪康纤虫 *Pseudocohnilembus hargisi* Evans & Thompson, 1964（图 45）

Pseudocohnilembus hargisi Evan & Thompson, 1964, J. Protozool., 11: 344-352

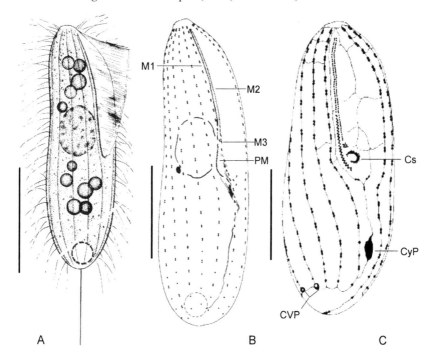

图 45 哈氏伪康纤虫 *Pseudocohnilembus hargisi*（仿 Song & Wilbert，2002）
A. 活体右侧观；B 和 C. 纤毛图式腹面观（B）和腹面观（C）；Cs. 胞口；CVP. 伸缩泡开孔；CyP. 胞肛；M1～3. 小膜 1～3；PM. 口侧膜（比例尺：15 μm）

形态 活体大小（25～40）μm ×（10～15）μm，长条形至长椭圆形，后端略圆。表膜坚实、略薄，未观察到射出体。口区长且宽阔，占体长的 60%～70%。

胞质无色至浅灰色，内含若干发光颗粒。1 枚球形大核，位于体中央。伸缩泡直径约 5 μm，分布于尾端，其排空时间小于 5 s；第 4 和 5 列体动基列后端各具 1 个伸缩泡开孔。体纤毛长约 7 μm；1 根尾纤毛，长约 15 μm。

运动方式为水中适度快速游动，有时在底质缓慢爬行。

12～14 列体动基列。

口侧膜由成对呈"之"字形排列的毛基体组成，前端起始于小膜 1 末端。小膜 1 和 2 沿虫体纵轴平行排列，且均由 1 列毛基体构成。小膜 2 前端起始于第 1 列体动基列的第 2 对毛基体，并延伸至体中部。小膜 2 长度约占体长的 80%。小膜 3 含 3 列毛基体。盾片位于口侧膜后端，由 7 对毛基体构成，排列成"Y"形。

标本采集 1990 年左右采集于山东青岛沿海扇贝养殖池，盐度 31‰～33‰。2010 年 10 月 13 日采自山东青岛仰口潮间带沙滩（36°14′18″N；120°40′23″E），水温约 15℃，盐度约 30‰。

标本保藏 1 张凭证标本片保存于中国海洋大学原生动物学研究室（编号：PXM-20101013-01）。

（46）水滴伪康纤虫 *Pseudocohnilembus persalinus* Evans & Thompson, 1964（图 46）

Pseudocohnilembus persalinus Evan & Thompson, 1964, J. Protozool., 11: 344-352

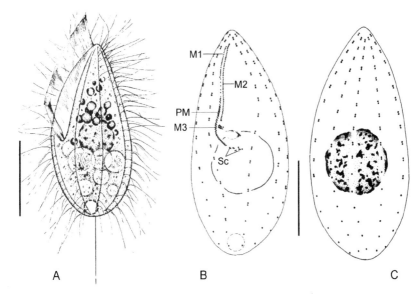

图 46 水滴伪康纤虫 *Pseudocohnilembus persalinus*（仿 Song，2000）
A. 活体左侧观；B 和 C. 纤毛图式腹面观（B）和背面观（C）；M1～3. 小膜 1～3；PM. 口侧膜；Sc. 盾片
（比例尺：15 μm）

形态 活体大小 (25～40)μm × (10～25)μm，染色后的大小为 45 μm × 30 μm；

通常似水滴状,前端尖削,无明显平截区,后端钝圆;营养条件不佳时则呈棍棒形。表膜有显著凹刻,没有观察到射出体。口区开阔,长度为 25~35 μm,占体长 1/2~2/3。胞质无色至透明,内含大小不同(直径 1~4 μm)的灰色颗粒。1 枚球形大核,位于体中部;未观察到小核。1 枚伸缩泡,位于尾端,直径约为 4 μm,排空时间小于 1 s;伸缩泡开孔位于第 3 列体动基列的末端。体纤毛密集排布,长 5~6 μm;尾纤毛长约 15 μm。

运动方式为以中等速度爬行于基质或在水中绕虫体纵轴旋转前进。

7 或 8 列体动基列。第 1 列体动基列包含 15~17 对毛基体。

小膜 1 和 2 平行于细胞的纵轴排列且各由 1 列毛基体组成。小膜 2 长于小膜 1,包含 40~50 个毛基体,开始于第 1 列体动基列的第 2 对毛基体,结束于虫体中部。小膜 3 不明显,由 3 列横向的毛基体构成。盾片包含排列不规则的 4 或 5 对毛基体。

标本采集 1993 年 11 月 9 日、1995 年 4 月 22 日分别采集于山东青岛的虾养殖池塘和近岸水体,盐度 30‰~32‰。2010 年 7 月 3 日采自山东胶州一室内养虾池,水温约 27℃,盐度约 20‰。

标本保藏 1 张凭证标本片保存于中国海洋大学原生动物学研究室(编号:PXM-20100703)。

(十二)拟舟虫科 Paralembidae Corliss & de Puytorac in Small & Lynn, 1985

Paralembidae Corliss & de Puytorac in Small & Lynn, 1985, Kansas: Society of Protozoologists, Lawrence: 393-575

虫体较小,前后端均具有裸毛区。口侧膜起于小膜 2 右侧;小膜 2 高度发达,长度至少为小膜 1 的 3 倍,小膜 3 沿小膜 1、2 横切面方向排布。

该科全球记载 6 属,中国记录 1 属。

20. 拟舟虫属 *Paralembus* Kahl, 1931

Paralembus Kahl, 1931, Tierwelt Dtl., 21: 181-398. **模式种**: *Paralembus digitiformis* Kahl, 1931

形态 虫体长水滴状至指形,前端通常略向背侧弯转,在顶部形成一乳突状或鸟喙状尖突,无平截区。口器结构中小膜 1 为极短小的三角形,小膜 2 则高度发达(可数倍于小膜 1 长),口侧膜起于小膜 2 右侧中部。体纤毛密集排列,体动基列几乎全部由双动基系组成,单一尾纤毛。兼性寄生。

种类及分布 全球记载 2 种,中国发现 1 种。

(47)指状拟舟虫 *Paralembus digitiformis* Kahl, 1931(图 47)

Paralembus digitiformis Kahl, 1931, Tierwelt Dtl., 21: 181-398

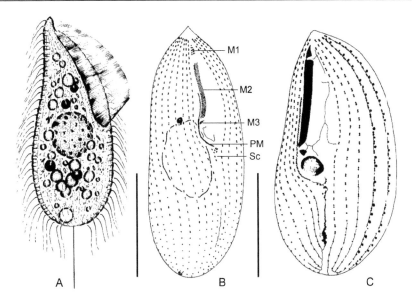

图47 指状拟舟虫 *Paralembus digitiformis*（仿 Song & Wilbert, 2000）
A. 活体腹面观；B. 纤毛图式腹面观；C. 银线系腹面观；M1~3. 小膜1~3；PM. 口侧膜；Sc. 盾片（比例尺：20 μm）

形态 活体大小（25~65）μm ×（15~30）μm，水滴状、细长卵圆形或宽卵圆形，前端尖呈吻状，后端宽圆。表膜薄稍有缺刻，其下分布有短棒状的射出体。口区宽大，长度占体长的 1/2~3/5，口区小膜长 10~15 μm。胞质无色至深灰色。1枚椭球形大核位于体中部；1枚球形小核紧挨着大核。伸缩泡位于体后端近背侧，其开孔靠近第8和第9列体动基列末端。体纤毛长 8~10 μm；1 根尾纤毛，长约 20 μm。

运动不活跃，通常缓慢爬行或长时间保持静止或绕虫体纵轴不断游动。

22~25 列体动基列。

小膜1较小，三角形；小膜2发达，由3或4列纵向的毛基体构成；小膜3最小，由2或3列毛基体组成。盾片"Y"形，由4~10对毛基体构成。

银线系主要由连接体动基列毛基体的纵向银线构成。

标本采集 1990 年左右多次采集自山东青岛及日照潮间带虾贝养殖池，水温 2~3℃（青岛）及 7~14℃（日照），盐度 30‰~32‰。1996 年 1 月分离自山东威海患体表溃烂病的牙鲆（*Paralichthys olivaceus*）。

标本保藏 3 张凭证标本片保存于中国海洋大学原生动物学研究室（编号：TPJ-931228-02；TPJ-931228-06；TPJ-95421）。

（十三）内扇虫科 Entorhipidiidae Madsen, 1931

Entorhipidiidae Madsen, 1931, Zool. Anz., 96: 99-112

虫体卵圆形，背腹扁平，前端尖，有平截区；尾部有突起，着生1根尾纤毛；

口区位于体前部，不明显；口器结构中，小膜1小于小膜2及3。

该科全球记载4属，中国记录1属。

21. 内扇虫属 *Entorhipidium* Lynch, 1929

Entorhipidium Lynch, 1929, Univ. Calif. Publi. Zool., 33: 27-56. **模式种**: *Entorhipidium echini* Lynch, 1929

形态 虫体后部细窄，左右高度扁平。胞口位于赤道线前部；小膜1由单列或双列体动基列构成，小膜2和3均为独立的多列结构，口侧膜起始于小膜2的前端。体动基列形成顶缝合线和口后缝合线；由于体动基列通常扭曲或呈螺旋模式，因此口后缝合线位于细胞的右侧。于海胆消化道内共栖生。

种类及分布 全球记载6种，在中国发现3种。

种检索表

1. 虫体在背面赤道线附近向内弯曲，呈耳垂状 ·················· 三角内扇虫 *E. triangularis*
   背面赤道线附近无耳垂状突起 ··· 2
2. 虫体长通常大于200 μm ·· 优雅内扇虫 *E. tenue*
   虫体长通常小于200 μm ·· 福氏内扇虫 *E. fukuii*

（48）三角内扇虫 *Entorhipidium triangularis* Poljansky, 1951（图48）

Entorhipidium triangularis Poljansky, 1951, Zh. Parasitol. Mosc., 13: 371-393

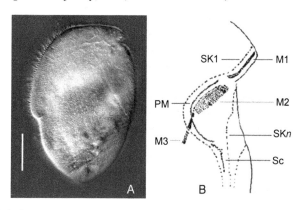

图48 三角内扇虫 *Entorhipidium triangularis*（仿詹子锋，2012）（彩图请扫封底二维码）
A. 活体右侧观；B. 口区结构；M1～3. 小膜1～3；PM. 口侧膜；SK1、*n*. 第1和第*n*列体动基列；Sc. 盾片
（比例尺：30 μm）

形态 活体大小约240 μm × 140 μm，左右高度扁平，宽厚比为1/4～1/3；前端钝圆，虫体在背面赤道线附近向内弯曲，呈耳垂状，尾部有明显的突起；虫体左侧面头部位置有一圈较大的裸毛区，且头部还有明显的三角形和瘤状小突起。

口区位于体前端。胞质含有许多直径约为 1 μm 的内质颗粒和直径约为 4 μm 的脂粒；食物泡直径约为 13 μm，主要分布于大核下方位置。1 枚大核，卵形，78 μm × 52 μm，位于虫体中间位置。伸缩泡位于亚尾端，靠近尾部突起。体纤毛长 10～12 μm；尾纤毛长 25～38 μm，位于尾部突起末端的附近。

约 242 列体动基列，由单动基系构成。体右侧约 122 列，始于体前端，口区附近 20～30 列随着口区明显弯曲。体左侧约 120 列，始于体亚前端。体动基列在背面"耳垂"处弯曲，前部排布紧密，中后部排布稍稀疏。尾纤毛基体分布在尾部突起的亚末端位置。

口区位于体前端，小膜 1 始于口缝合线顶端，由 2 列毛基体构成，其末端向内微微弯曲；小膜 2 较发达，由多列毛基体紧密排列组成；小膜 3 由 2 或 3 列毛基体紧密排列组成；口侧膜前端起始于小膜 2 前端；盾片位于口侧膜下方，由 1 列排列不规则的毛基体构成。

银线系为横纹状，尤其密集排布于左侧面头部位置的体动基列之间。

标本采集 2007 年 5 月 3 日分离自从青岛南山市场购买的（产自大连海区）海刺猬（*Glyptocidaris crenularis*）的消化道内。

标本保藏 1 张凭证标本片保存于中国科学院海洋生物标本馆（编号：ZZF-20080313-1）。

（49）优雅内扇虫 *Entorhipidium tenue* Lynch, 1929（图 49）

Entorhipidium tenue Lynch, 1929, Univ. Calif. Publi. Zool., 33: 27-56

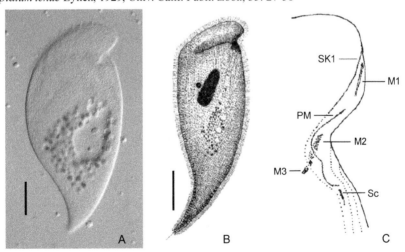

图 49 优雅内扇虫 *Entorhipidium tenue*（仿詹子锋，2012）
A 和 B. 活体右侧观；C. 口区结构；M1～3. 小膜 1～3；PM. 口侧膜；Sc. 盾片；SK1. 第 1 列体动基列
（比例尺：50 μm）

形态 活体大小约 325 μm × 145 μm，左右高度扁平，顶端钝圆，虫体反口区域隆起；虫体左侧面头部位置有一圈较大的裸毛区，且虫体前端具显著锯齿状的小突起。虫体全身布满棒状射出体，口区附近较集中。口区位于体前端。胞质内含大量直径为 1 μm 的内质颗粒和直径为 8～15 μm 的食物泡。大核 1 枚，长棒状，蛋白银染色后大小约为 100 μm × 25 μm，位于体前部。伸缩泡亚尾端分布，靠近尾部突起的位置，直径约 70 μm。体纤毛长 12～15 μm；单根尾纤毛，长约 8 μm，位于尾部突起末端附近；口纤毛长约 20 μm。

体动基列共约 116 列，由单动基系构成。体右侧约 50 列，起始于体前端。左侧约 66 列，始于亚前端，顶端为一裸毛区。

口区位于体前端，小膜 1 顶端接近口缝合线顶端，由 2 列毛基体构成；小膜 2 较发达，由多列毛基体紧密排列组成；小膜 3 由 2 或 3 列毛基体紧密排列组成；口侧膜前端起于小膜 1 与 2 之间的空隙；盾片位于口侧膜下方，由 1 列排列不规则的毛基体构成。

标本采集　2007 年 5 月 3 日分离自宿主自海刺猬（*Glyptocidaris crenularis*）的消化道内，宿主购买于青岛南山市场，产自大连海区。

标本保藏　1 张凭证标本片保存于中国科学院海洋生物标本馆（编号：ZZF-20080312-1）。

（50）福氏内扇虫 *Entorhipidium fukuii* Lynch, 1929（图 50）

Entorhipidium fukuii Lynch, 1929, Univ. Calif. Publ. Zool., 33: 27-56

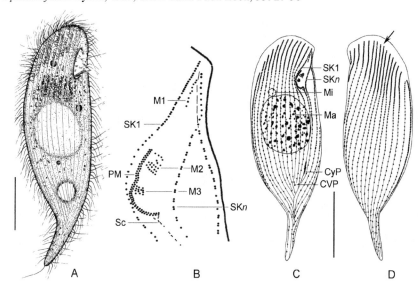

图 50　福氏内扇虫 *Entorhipidium fukuii*（仿 Long et al., 2007b）

A. 活体右侧观；B. 口区结构；C 和 D. 纤毛图式右侧观（C）和左侧观（D），箭头示邻近背部边缘的双动基系；CVP. 伸缩泡开孔；CyP. 胞肛；Ma. 大核；Mi. 小核；M1～3. 小膜 1～3；PM. 口侧膜；Sc. 盾片；SK1、*n*. 第 1 和第 *n* 列体动基列（比例尺：A = 30 μm，C 和 D = 40 μm）

形态 活体大小约 150 μm × 50 μm，宽厚比约为 1∶3。尾部长约 30 μm，弯向背部。背部边缘突出而腹部边缘平直。表膜薄，未观察到射出体。口区稍凹陷。胞口约位于体前 1/5 处。体表有明显的与体动基列对应的隆起。尤其是在细胞前半部分。胞质无色透明，通常含有大量不规则颗粒，多聚集于大核附近。单一圆形大核位于体中部；小核 1 枚，位于大核旁。伸缩泡 1 枚，位于虫体后 1/3，伸缩泡开孔位于第 3 和第 4 列体动基列后部、胞肛的右侧。体纤毛长约 10 μm，虫体前端纤毛密度最大；尾纤毛直而明显，长 15～20 μm。

自寄主分离后大部分纤毛虫在底质上爬行，有时绕虫体纵轴旋转向前游动。

30 列体动基列，前部毛基体均紧密排列，中后部部分毛基体稀疏分布。左、右侧的体动基列在虫体顶部形成一顶缝合线，在腹面形成一口后缝合线。

小膜 1 单列，由 6～9 个毛基体组成，小膜 2 和 3 远离小膜 1，各含 4 或 5 列毛基体；口侧膜由双列毛基体构成，起始于小膜 2 前方；盾片"Y"形，约含有 15 个毛基体。

银线系由纵向连接各体动基列毛基体的银线组成，无尾部银线环。

标本采集 2005 年夏季分离自青岛近岸海胆（*Hemicentrotus pulcherrimus*）的消化道内，寄主生境水温 20℃，盐度 30‰。

标本保藏 2 张凭证标本片保存于中国海洋大学原生动物学研究室（编号：LHA-20050507-01；LHA-20050507-02）。

（十四）嗜污虫科 Philasteridae Kahl, 1931

Philasteridae Kahl, 1931, Tierwelt Dtl., 21: 181-398

虫体很小至很大，长椭圆形至指状。口区位于虫体赤道线之前，小膜 1 三角形，大小等于或小于小膜 2，盾片位于口侧膜后端定向子午线的区域。海洋生活，以自由生为主，可兼性寄生于宿主体内。

该科全球记载 7 属，中国记录 4 属。

属检索表

1. 口侧膜为 2 个异相的相互分离的片段 ··· 嗜污虫属 *Philasterides*
   口侧膜为单一片段 ·· 2
2. 小膜 1 和 2 合并 ·· 麦德申虫属 *Madsenia*
   小膜 1 和 2 不合并 ·· 3
3. 小膜 1 短小不发达 ·· 污栖虫属 *Philaster*
   小膜 1 发达，由数个至数十个片段组成 ·· 针口虫属 *Porpostoma*

22. 嗜污虫属 *Philasterides* Kahl, 1931

Philasterides Kahl, 1931, Tierwelt Dtl., 21: 181-398. **模式种**: *Philasterides armatalis* Song, 2000

形态 虫体高柱形，前端尖顶状而无平截区。体动基列基本为单动基系，纤毛排列密集；单一尾纤毛。口器结构中 3 片小膜均较发达；小膜 3 为 2 个异相的相互分离的片段，其前端起于小膜 2 右侧后部。射出体普遍存在。

种类及分布 全球记载 2 种，在中国发现 1 种。

（51）拟武装嗜污虫 *Philasterides armatalis* Song, 2000（图 51）

Philasterides armatalis Song, 2000, Acta Protozool., 39: 295-322

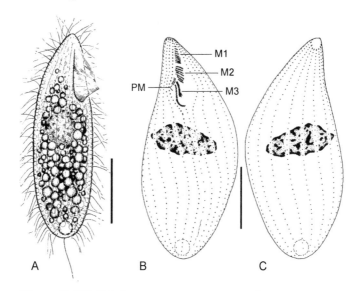

图 51　拟武装嗜污虫 *Philasterides armatalis*（仿 Song，2000）
A. 活体右侧观；B 和 C. 纤毛图式腹面观（B）和背面观（C）；M1～3. 小膜 1～3；PM. 口侧膜（比例尺：30 μm）

形态 活体大小（50～80）μm×（20～25）μm，前端尖削，后端钝圆。细胞表面呈浅而密集的缺刻状，表膜下密布射出体，长约 1.5 μm。口腔较深，口区约占体长 1/3，口区小膜发达。胞质无色透明，其内通常充满大量随机分布的棒状结晶体和大量直径为 2～5 μm 的食物泡。1 枚球形大核，位于虫体中部，但常因胞质中有大量颗粒而不易辨别。伸缩泡小，位于虫体尾端。体纤毛长 8～10 μm；尾纤毛一根，长约 15 μm。

运动活跃，通常在水中做直线连续游动，或进食时长时间静息于底质上。

16～18 列体动基列。

口器包含 1 片口侧膜和 3 片口区小膜，小膜 1 三角形，长 6～8 μm，包含 7～12 列横向的毛基体；小膜 2 和 1 约等长，包含 6～9（通常为 7）列横向的毛基体，有时纵向分成两部分；小膜 3 小，前端 2 列后端 3 列。口侧膜包含异相的且相互分离的 2 部分：前部分始于小膜 2 右后方，含 2 列毛基体，后部分由"之"字形排列的毛基体构成。盾片含 16~20 个毛基体，排成线形，延伸至约虫体后 1/5 处。

标本采集 1990 年左右采自山东青岛沿海扇贝养殖池，水温 7~12℃，盐度约 31‰。

标本保藏 正模标本片保存于中国海洋大学原生动物学研究室（编号：SW-95415）。

23. 麦德申虫属 *Madsenia* Kahl, 1934

Madsenia Kahl, 1934, Leipzig: Akademische verlagsgesellschaft: 147-183. **模式种**: *Madsenia indomita* (Madsen, 1931) Kahl, 1934

形态 虫体细长，两侧扁平。小膜 1 和 2 合并为单一结构，即小膜 1-2 复合体；口侧膜短，延伸至小膜 1-2 复合体的后部；胞口位于赤道位前方。缝合线明显，无明显的尾纤毛。于海胆消化道内共栖生。

种类及分布 全球记载 4 种，在中国发现 1 种。

（52）印度麦德申虫 *Madsenia indomita* (Madsen, 1931) Kahl, 1934（图 52）

Entodiscus indomitus Madsen, 1931, Zool. Anz., 96: 99-112
Madsenia indomita (Madsen, 1931) Kahl, 1934, Leipzig: Akademische verlagsgesellschaft: 147-183

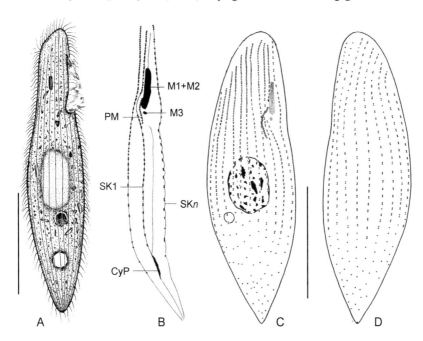

图 52 印度麦德申虫 *Madsenia indomita*（仿 Long et al., 2007b）
A. 活体右侧观；B. 口区结构；C 和 D. 纤毛图式腹面观（C）和背面观（D）；CyP. 胞肛；M1 + M2. 小膜 1-2 复合体；M3. 小膜 3；PM. 口侧膜；SK1、*n*. 第 1 和第 *n* 列体动基列（比例尺：30 μm）

形态 活体大小约 90 μm × 25 μm，通常较细长，高度侧扁，前端窄，具不明显平截区，后端尖。表膜薄，未观察到射出体。口区狭小，占体长的 1/4～1/3。胞质透明无色，含大量内质颗粒。大核圆形至卵圆形，小核紧邻大核。伸缩泡小，位于体后端 1/4、腹面边缘处；伸缩泡开孔位于腹面体后端 1/4 处，邻近胞肛。体纤毛长 6 μm，在虫体前 1/3 段尤为密集，其他部位纤毛稀疏；无明显尾纤毛。

自寄主分离后，虫体游动于水层上方，并绕虫体纵轴旋转。

18～20 列体动基列，前 3/4 为双动基系，右侧前 1/4 的毛基体密集排列；左侧和右侧体动基列在前端形成一顶缝合线。

小膜 1 和 2 形成小膜 1-2 复合体，该复合体包含 5 列纵向的毛基体，并与小膜 3 分离。口侧膜位于口区右侧，略弯曲并延伸至小膜 1-2 复合体的后 1/5 处。

银线系主要由纵向连接每列体动基列毛基体的银线构成。

标本采集 2005 年夏季分离自青岛近岸海胆（*Hemicentrotus pulcherrimus*）的消化道内，寄主生境水温约 20 ℃，盐度约 30‰。

标本保藏 2 张凭证标本片保存于中国海洋大学原生动物学研究室（编号：LHA-20050723-01-01；LHA-20050723-01-02）。

24. 污栖虫属 *Philaster* Fabre-Domergue, 1885

Philaster Fabre-Domergue, 1885, J. Anat. Physiol., 21: 555-568. **模式种**: *Philaster digitiformis* Fabre-Domergue, 1885

形态 虫体长卵圆形或长柱形，左右不扁平。口区狭长，自虫体顶端向后延至虫体前 1/3～1/2 处，后部形成明显凹陷，胞口位于凹陷处。小膜 1 小，呈三角形，小膜 2 分为两部分，左侧长并向后突出，右侧略短，小膜 3 包含数列倾斜的毛基体。

种类及分布 全球记载 5 种，在中国的黄渤海及河豚卵内共发现 3 种。

种检索表

1. 体动基列数小于等于 25 ·· 中华污栖虫 *P. sinensis*
   体动基列数大于 25 ··· 2
2. 体动基列数小于等于 35 ·· 裂缝污栖虫 *P. hiatti*
   体动基列数大于 35 ·· 异指状污栖虫 *P. apodigitiformis*

（53）中华污栖虫 *Philaster sinensis* Pan X, Yi, Li, Ma, Al-Farraj & Al-Rasheid, 2015（图 53）

Philaster sinensis Pan X, Yi, Li, Ma, Al-Farraj & Al-Rasheid, 2015, Eur. J. Protistol., 51: 142-157

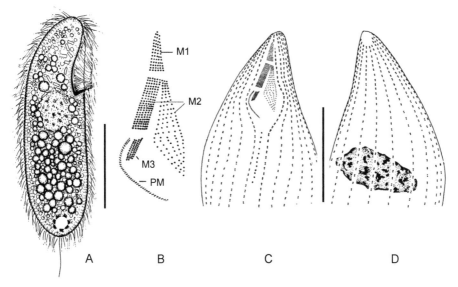

图 53 中华污栖虫 *Philaster sinensis*（仿 Pan X et al，2015b）
A. 活体右侧观；B. 口纤毛器；C 和 D. 纤毛图式腹面观（C）和背面观（D）；M1～3. 小膜 1～3；PM. 口侧膜
（比例尺：A = 40 μm，C 和 D = 20 μm）

形态 活体大小（130～150）μm ×（35～55）μm，圆柱形；顶部略尖，后端略圆。腹面观左右不对称，前端偏向一侧。表膜平滑，射出体棒状，长约 3 μm，排列于表膜下。口区大且向内凹陷，约占体长 1/3，口区小膜长 7～10 μm。胞质无色或浅灰色，包含大量球形食物泡和棒状或哑铃状结晶体。球形大核 1 枚，位于体中央。1 枚伸缩泡，直径 6～10 μm，排空时间约 10 s；伸缩泡开孔位于第 1 列体动基列末端。体纤毛密布排列，长 6～8 μm；1 根尾纤毛，长约 10 μm。

运动方式为绕虫体纵轴快速游动。

19～22 条体动基列，覆盖虫体全身，全部由双动基系组成。

小膜 1 三角形，包含 13 或 14 列横向的毛基体；小膜 2 包含 10～12 列纵向的毛基体；伸缩泡开孔位于第 1 列体动基列末端；小膜 2 分成两部分，第 1 部分包含 6 纵列毛基体，第 2 部分含 10～12 纵列毛基体；小膜 3 不明显，包含 4 纵列纵毛基体。口侧膜起于小膜 3 前端。盾片位于第 1 和第 n 列体动基列之间，由排成列的 20 余个毛基体构成。

标本采集 2011 年 10 月 27 日采自山东青岛南窑潮间带沙滩，水温约 13℃，盐度约 31‰。

标本保藏 正模标本片（编号：PXM-20111027-01-01）和 1 张副模标本片（编号：PXM-20111027-01-02）保存于中国海洋大学原生动物学研究室。

(54) 裂缝污栖虫 *Philaster hiatti* Thompson, 1969（图 54）

Philaster hiatti Thompson, 1969, J. Protozool., 16: 81-83

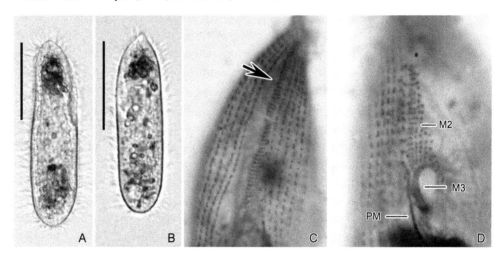

图 54　裂缝污栖虫 *Philaster hiatti*（自作者）（彩图请扫封底二维码）
A 和 B. 不同个体活体腹面观；C 和 D. 裂缝污栖虫纤毛图式腹面前部，示口纤毛器，箭头示小膜 1；M2、M3. 小膜 2 和 3；PM. 口侧膜（比例尺：20 μm）

形态　活体大小（65～95）μm ×（15～25）μm，通常 70 μm × 20 μm，长棒状；顶端尖削，有时前部较后部略尖，后端钝圆，侧面观背缘较腹缘平直。表膜较坚实，且具纵向隆起。口区占体长的 40%左右，侧面观可见轻微凹陷；口庭阔大且深陷；口区纤毛密集，长约 6 μm。胞质清透，因内含大量内质颗粒而呈红色或黑色。内质颗粒至少分为 2 种类型，一种较大，直径约 2.5 μm，球形，无明显颜色；另一种较小，直径<1 μm，红色。通常大量结晶体混杂于上述颗粒中。1 枚椭球形大核，位于体中部，约 20 μm × 10 μm。伸缩泡位于尾端，直径约 8 μm。体纤毛长约 6 μm，尾纤毛长 10～13 μm。

运动方式为快速游动或以体前端黏附于基底长时间静止。

21～33 列体动基列，延伸至虫体全身，含均匀分布的双动基系。

小膜 1 狭长，由约 25 列毛基体水平排列而成；小膜 2 较小膜 1 宽，在其左后端形成一较小的指状突起，占小膜 2 总长度的 1/3 左右；小膜 3 较小，在小膜 2 后方纵向排列。口侧膜前端起始于小膜 2 后方并靠近小膜 3，平缓弯曲。

标本采集　2007 年 8 月 18 日采集于深圳大鹏湾近岸水体（22°36′14″N，114°24′32″E），水温约 27℃，盐度约 32‰。

标本保藏　1 张凭证片保存于中国海洋大学原生动物学研究室（编号：LWW-2007818-03）。

（55）异指状污栖虫 *Philaster apodigitiformis* Miao, Wang, Li, Al-Rasheid & Song, 2009（图55）

Philaster apodigitiformis Miao, Wang, Li, Al-Rasheid & Song, 2009, Syst. Biodivers., 7: 381-388

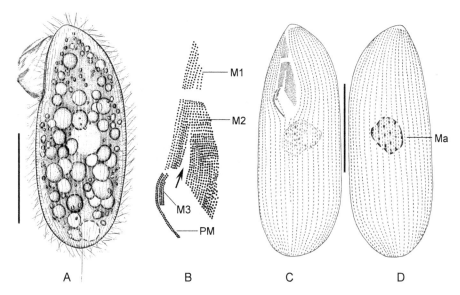

图55 异指状污栖虫 *Philaster apodigitiformis*（仿 Miao et al., 2009）
A. 活体左侧观；B. 口纤毛器，箭头示小膜2中间的缝隙；C 和 D. 纤毛图式腹面观（C）及背面观（D）；Ma. 大核；M1～3. 小膜1～3；PM. 口侧膜（比例尺：30 μm）

形态 活体大小多变，体长通常60～90 μm，最长可达140 μm，长宽比约为2∶1，长圆柱状，侧面观前端略尖；背腹扁平，宽厚比约为4∶3。表膜光滑，射出体棒状，长约2 μm。口区长约占体长1/3。胞质无色，常因包含大量食物泡而呈现深黑色。大核球形至卵圆形，位于虫体中部，活体时呈现为清亮区。1枚伸缩泡，位于尾端近背面，直径6～10 μm，收缩时间1～2 min。体纤毛长约6 μm；单根尾纤毛，长约12 μm；口纤毛长约10 μm，展开呈帆状。

自寄主分离后，在水中沿虫体纵轴快速旋转前进。

约40列体动基列，由双动基系构成，覆盖虫体全身。

小膜1呈三角形，有约7列毛基体；小膜2高度发达，其末端分成两支，共由约20列毛基体构成；小膜3仅含3列毛基体。口侧膜终止于小膜3前端。盾片较长，位于第1和第 *n* 列体动基列之间，由几十对毛基体构成，起于口区下方，延至虫体后端1/4处。

标本采集 2007年5月分离自刚产出1天的河豚卵内。

标本保藏 正模标本片保存于英国自然历史博物馆（编号：2009：3：10：1），

1张副模标本片保存于中国海洋大学原生动物学研究室（编号：WYG-20070531-01）。

25. 针口虫属 *Porpostoma* Möbius, 1888

Porpostoma Möbius, 1888, Arch. Naturg., 54: 81-116. **模式种**: *Porpostoma notatum* Möbius, 1888

形态 虫体较大，长纺锤状，前端尖削。小膜1发达，由数个至数十个片段组成，小膜2和3相对短小；口侧膜前端起于小膜2右前方；盾片由单列毛基体组成。

种类与分布 全球报道5种，均为海水生活，中国发现1种。

（56）显赫针口虫 *Porpostoma notata* Möbius, 1888（图56）

Porpostoma notata Möbius, 1888, Arch. Naturg., 54: 81-116

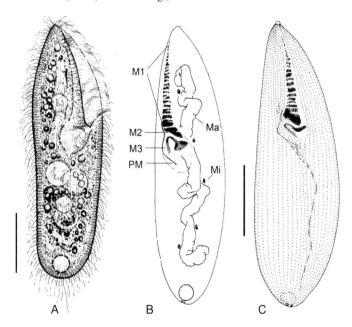

图56 显赫针口虫 *Porpostoma notata*（仿Song，2000）
A. 活体右侧观；B. 口区结构和核器；C. 纤毛图式腹面观；Ma. 大核；Mi. 小核；M1～3. 小膜1～3；PM. 口侧膜（比例尺：A = 30 μm，B 和 C = 20 μm）

形态 活体大小（100～180）μm ×（20～50）μm，指状或长柱形，长宽比约为3∶1～5∶1；体前端尖削，无平截区，且可左右摇摆，后端钝圆。射出体细长，长约4 μm，活体时较显著。口区位于体前2/5处，口庭阔大、极度凹陷。胞质通常包含大量食物泡，致虫体呈棕黑色。伸缩泡位于尾端，直径约10 μm。尾纤毛1根，长约20 μm；口纤毛长约10 μm。

运动较活跃，摇摆式快速不停地在水中做往返游动。

50~63 列体动基列，十分密集，于前方背侧形成一长缝合线。

小膜 1 发达，含 10~20 列纵向的毛基体片段，其长度约占口区长的 3/4；小膜 2 由 15~20 纵列毛基体组成；小膜 3 分左、右两部分，分别包含 10 列和 3 列毛基体。盾片由单列毛基体组成。

标本采集　1993 年 11 月 11 日、1995 年 10 月 14 日采集于山东青岛近岸水体，盐度约 31‰。2009 年 5 月 6 日采集于山东潍坊昌邑蟹育苗池池底污物，水温约 22℃，盐度约 28‰。

标本保藏　1 张凭证标本片保存于中国海洋大学原生动物学研究室（编号：FXP-20090506-01）。

（十五）尾丝虫科 Uronematidae Thompson, 1964

Uronematidae Thompson, 1964, Virginia J. Sci., 15: 80-87

虫体很小，卵圆形或长卵圆形，顶端具一平截状的裸毛区。口区小膜简化，小膜 1 毛基体无纤毛杆，另外两片小膜的纤毛不明显，盾片由在定向子午线处排布成三角形的毛基体构成。

该科全球记载 7 属，中国记录 4 属。

属检索表

1. 口侧膜前端起于小膜 1 中部 ································· 偏尾丝虫属 *Apouronema*
   口侧膜前端起于小膜 2 中部 ··· 2
2. 可借尾纤毛延伸出的黏丝趋附于基质 ························· 小尾丝虫属 *Uronemita*
   无趋附性 ·· 3
3. 口侧膜末端约延伸至体中部 ·································· 尾丝虫属 *Uronema*
   口侧膜末端延伸至体后端约 1/4 处 ·························· 平腹虫属 *Homalogastra*

26. 偏尾丝虫属 *Apouronema* Pan M, Chen, Liang & Pan X, 2020

Apouronema Pan M, Chen, Liang & Pan X, 2020, Eur. J. Protistol., 74: 125644. **模式种**: *Apouronema harbinensis* Pan et al., 2020

形态　胞口位于体后半部，口侧膜后端向前折叠，且其前端起始于小膜 1 中部；小膜 1 很长，包含纵向的 2 列毛基体，小膜 2 及小膜 3 较小。体动基列前半段为双动基系，后半段为单动基系。

种类及分布　全球已知仅 1 种，发现于中国哈尔滨。

（57）哈尔滨偏尾丝虫 *Apouronema harbinensis* Pan M, Chen, Liang & Pan X, 2020（图 57）

Apouronema harbinensis Pan M, Chen, Liang & Pan X, 2020, Eur. J. Protistol., 74: 125644

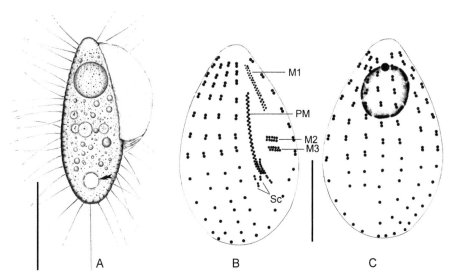

图 57　哈尔滨偏尾丝虫 *Apouronema harbinensis*（仿 Pan et al.，2020）
A. 活体右侧观；B 和 C. 纤毛图式腹面观（B）和背面观（C）；M1～3. 小膜 1～3；PM. 口侧膜；Sc. 盾片
（比例尺：20 μm）

形态　活体大小（45～55）μm×（20～25）μm，长椭圆形，前端具有平截区。表膜较薄，射出体长约 2 μm。口区长度约占体长 3/4；口区小膜活体时显著，约 20 μm 长。胞质透明，常包含大量直径约为 5 μm 的内含细菌的食物泡和形状不规则的颗粒。1 枚球形大核位于体前端，直径约 15 μm；小核仅靠大核，直径 2 μm。伸缩泡 1 枚，直径约 2 μm。体纤毛长 10～12 μm；尾纤毛 1 根，长约 15 μm。

运动方式为长时间静止于基底上或水中，惊扰后快速游动。

12 或 13 列体动基列，且第 n–2 和第 n–3 列体动基列后端仅延伸至体长 70%处。

小膜 1 发达，含 2 列毛基体，每列由 16～18 个毛基体构成，小膜 2 和 3 均由横向的 2 列毛基体构成。口侧膜前端起始于小膜 1 中部，呈"L"形，大部分毛基体呈"之"字形排列，后端部分毛基体显著向前折叠。盾片由在口侧膜后端排布成"X"形的 5 对毛基体构成。

标本采集　2017 年 5 月 6 日采自黑龙江哈尔滨呼兰区一污染河流（45°56′21″N，126°35′56″E），水温约 15℃，盐度 0。

标本保藏　正模标本片保存于哈尔滨师范大学原生动物学研究室（编号：PMM-20170506）。

27. 小尾丝虫属 *Uronemita* Jankowski, 1980

Uronemita Jankowski, 1980, Trudy Zool. Inst. Leningr., 94: 103-121. **模式种**: *Uronemita filificum* (Kahl, 1931) Jankowski, 1980

形态 虫体常略呈倒梨形，最宽部位普遍位于体前端 1/3 处。小膜 1 具单列毛基体，小膜 2 和 3 含多列毛基体；口侧膜前端起于小膜 2 的右中部。体动基列为典型的混合动基系。运动方式特殊：借一条由尾纤毛延伸出的黏丝，临时性黏附于基质上，受惊扰时会迅速转入游泳状态。

种类及分布 全球记载 6 种，在中国发现 5 种。

种检索表

1. 1 枚大核 ··· 2
   2 枚或 2 枚以上大核 ·· 3
2. 单一尾纤毛 ··· 4
   2 根或 2 根以上尾纤毛 ··· 拟丝状小尾丝虫 *U. parafilificum*
3. 具有 2 个大核，体动基列数大于 20 ······························· 拟双核小尾丝虫 *U. parabinucleata*
   具有 2 个大核，体动基列数小于 20 ···································· 双核小尾丝虫 *U. binucleata*
4. 具有 1 个大核，体动基列数大于 10 ····································· 丝状小尾丝虫 *U. filificum*
   具有 1 个大核，体动基列数小于或等于 10 ························· 中华小尾丝虫 *U. sinensis*

（58）拟丝状小尾丝虫 *Uronemita parafilificum* (Gong, Choi, Roberts, Kim & Min, 2007) Liu, Gao, Al-Farraj & Hu, 2016（图 58）

Uronemella parafilificum Gong, Choi, Roberts, Kim & Min, 2007, J. Eukaryot. Microbiol., 54: 306-316

Uronemita parafilificum (Gong, Choi, Roberts, Kim & Min, 2007) Liu, Gao, Al-Farraj & Hu, 2016, Eur. J. Protistol., 54: 1-10

形态 活体大小（20~35）μm ×（12~20）μm，蚕豆形，前端阔大且具有一平截区。表膜纵向脊状隆起。口区一侧平直，反口区一侧弯曲。胞口位于体中部。胞质中含大量哑铃状或近球形结晶体。大核位于体中部略偏前，近球形，直径约 8 μm；小核 1 枚，紧邻大核。伸缩泡位于尾端，直径约 8 μm。在种群采获初期，普遍具尾纤毛多根，1 根真正的尾纤毛，较僵硬，位于尾部中央，2 或 3 根柔弱的丝状尾纤毛更具黏性，环绕真正尾纤毛，长 20~25 μm；培养若干天后，仅 1 根尾毛可见。

运动方式为快速旋转游泳，或以尾纤毛黏附于底质并绕尾纤毛自身旋转，有时可见若干虫体尾纤毛互相粘连。

16 或 17 列体动基列，前 1/3 为双动基系。第 1 和第 n 列体动基列分别包含约 19 个和 23 个毛基体。

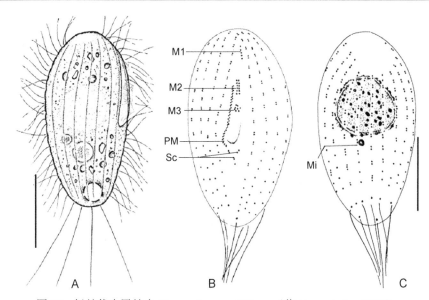

图 58 拟丝状小尾丝虫 *Uronemita parafilificum*（仿 Gong et al., 2007）
A. 活体右侧观; B 和 C. 纤毛图式腹面观（B）和背面观（C）; Mi. 小核; M1～3. 小膜 1～3; PM. 口侧膜; Sc. 盾片（比例尺: 10 μm）

小膜 1 单列，由约 6 个毛基体组成；小膜 2 由纵向的 2 或 3 列毛基体组成，与小膜 1 等长；小膜 3 较小，不明显。盾片包含 3 对毛基体，呈 "Y" 形排布。

标本采集 2009 年 5 月 30 日采集于山东潍坊昌邑养殖区内的引水渠，水温 25℃，盐度约 85‰。

标本保藏 1 张蛋白银标本片保存于中国海洋大学原生动物学研究室（编号：FXP-20090530-01）。

（59）拟双核小尾丝虫 *Uronemita parabinucleata* Liu, Gao, Al-Farraj & Hu, 2016（图 59）

Uronemita parabinucleata Liu, Gao, Al-Farraj & Hu, 2016, Eur. J. Protistol., 54: 1-10

形态 活体大小（25～50）μm ×（10～25）μm，长宽比约为 2：1，倒梨形或长椭圆形；体前端宽大，具一明显平截区，宽度占体宽 1/2～2/3。表膜较薄，有明显凹刻，活体状态下未观察到射出体。口区约占体长 3/5。胞口位于体中部略靠后端。胞质无色或浅灰色。恒具 2 枚大核，彼此相邻排布，每枚大核直径 10 μm。1 枚伸缩泡位于尾端，完全扩张时直径 6 μm。体纤毛长 6～8 μm，尾纤毛长 12～17 μm。

运动方式为旋转摆动，即借助来自尾纤毛的丝状结构，虫体暂时性附着于基质并绕尾纤毛持续旋转摆动。

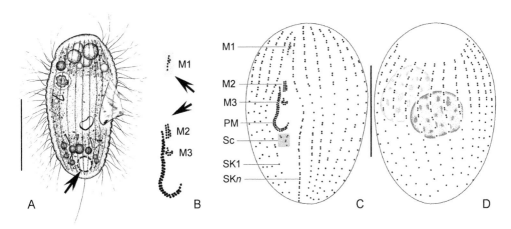

图 59　拟双核小尾丝虫 *Uronemita parabinucleata*（仿 Liu et al.，2016）（彩图请扫封底二维码）
A. 活体右侧观，箭头示伸缩泡；B. 口区结构，箭头示小膜 1 与 2 之间的明显间隔；C 和 D. 纤毛图式腹面观（C）与背面观（D）；M1~3. 小膜 1~3；PM. 口侧膜；Sc. 盾片；SK1、n. 第 1 和第 n 列体动基列（比例尺：15 μm）

22 或 23 列体动基列，几乎纵贯虫体全长。

小膜 1 位于体前端 1/5 处，由 6 个纵向排列的毛基体组成，且有额外 2 个毛基体紧密排列于小膜 1 左侧；小膜 2 略短于小膜 1，含 3 纵列毛基体，位于体前端 1/3 处；小膜 3 含约 10 个呈斑块状排列的毛基体。口侧膜毛基体呈"之"字形排列，前端起始于小膜 2 中部，约占虫体体长 1/5。盾片包含 4 对毛基体，前 3 对排列呈"Y"形。伸缩泡开孔位于第 3 和第 4 列体动基列末端。

银线系网格状。其中，贯穿第 n 列体动基列的银线继续向后延伸并穿过尾纤毛基体，与第 14 或第 15 列体动基列的银线相连接。

标本采集　2015 年 8 月 3 日采集于山东青岛第一海水浴场潮间带沙滩，水温约 24℃，盐度约 28‰。

标本保藏　正模标本片保存于中国海洋大学原生动物学研究室（编号：LMJ-20150803-01）；2 张副模标本片保存于英国自然历史博物馆（编号：NHMUK 2016.1.25.1；NHMUK 2016.1.25.2）。

（60）双核小尾丝虫 *Uronemita binucleata* (Song, 1993) Liu, Gao, Al-Farraj & Hu, 2016

（图 60）

Homalogastra binucleata Song, 1993, Oceanol. Limnol. Sin., 24: 143-150
Uronemita binucleata (Song, 1993) Liu, Gao, Al-Farraj & Hu, 2016, Eur. J. Protistol., 54: 1-10

形态　活体大小（25~40）μm ×（15~20）μm，典型的倒梨形；顶部宽阔，具一平截状的裸毛区。胞口位于体后 2/5 处。表膜薄，稍有缺刻。大核由两部分构成，位于体中部。单一伸缩泡，尾端分布。体纤毛长 12~15 μm，尾毛长 20~25 μm。

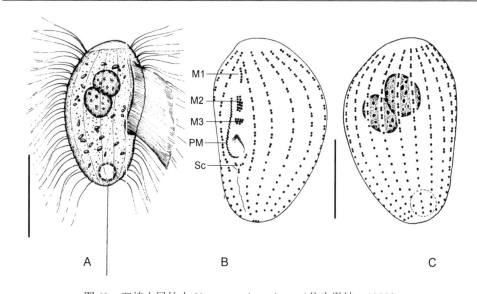

图 60 双核小尾丝虫 *Uronemita binucleata*（仿宋微波，1993）
A. 活体右侧观；B 和 C. 纤毛图式腹面观（B）和背面观（C）；M1～3. 小膜 1～3；PM. 口侧膜；Sc. 盾片（比例尺：15 μm）

在未受惊扰的情况下，借尾端的黏丝趋附于底质上，虫体常借此做缓缓圆锥状旋转运动，当受到惊扰时会迅速逃离。

16 或 17 列体动基列。小膜 1 近顶位；小膜 2 与 1 等长，由 2 或 3 列毛基体构成；小膜 3 近长方形，由 2 或 3 列毛基列构成。盾片由 4 对毛基体组成，排列成"Y"形。

标本采集 1991 年 4 月、5 月采集于山东潍坊对虾养殖池中。

标本保藏 正模标本片（编号：SW-910101）和 1 张副模标本片（编号：SW-910102）保存于中国海洋大学原生动物学研究室。

(61) 丝状小尾丝虫 *Uronemita filificum* (Kahl, 1931) Jankowski, 1980（图 61）

Uronemella filificum Kahl, 1931, Tierwelt Dtl., 21: 181-398.
Uronemita filificum (Kahl, 1931) Jankowski, 1980, Proc. Acad. Sci., 94: 103-121

形态 活体大小（25～35）μm ×（10～15）μm，肾形，顶端具一大而明显的裸毛区。表膜略薄，有缺刻，未观察到射出体。胞口位于体前端 3/5 处。胞质无色或灰色，常含若干食物泡（直径约 3 μm）和哑铃状结晶体，体前端和后端集中分布。椭球形大核，位于体中部，1 枚球形小核紧邻大核。伸缩泡体末端分布，完全扩张时直径约 5 μm。体纤毛长约 5 μm，尾纤毛长 10～15 μm。

运动不活跃，在水中适度快速游动，大部分时间通过尾纤毛固定于基底，头部逆时针绕圈旋转。

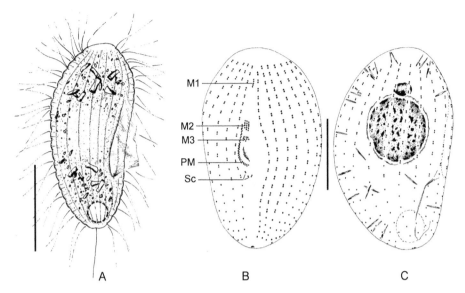

图61 丝状小尾丝虫 Uronemita filificum（仿 Song et al., 2002a）

A. 活体右侧观；B和C. 纤毛图式腹面观（B）和背面观（C）；M1~3. 小膜1~3；PM. 口侧膜；Sc. 盾片（比例尺：10 μm）

15~18列体动基列。

小膜1单列，由5或6个毛基体构成；小膜2含3纵列毛基体；小膜3短小。口侧膜前端起始于小膜2右侧。盾片由3对毛基体排布成"Y"形构成。

标本采集 2001年7月采集自广东湛江近岸虾养殖池，水温约30℃，盐度约20‰。2010年11月25日采自湛江特呈岛沿海封闭养殖池（21°08′59″N, 110°26′28″E），水温约18℃，盐度约28‰。2016年4月4日采集于深圳红树林湿地，水温约20℃，盐度约8‰。

标本保藏 2张凭证标本片保存于中国海洋大学原生动物学研究室（编号PXM-20101125；LMJ20160404-02）。

（62）中华小尾丝虫 Uronemita sinensis (Pan, Zhu, Ma, Al-Rasheid & Hu, 2013) Liu, Gao, Al-Farraj & Hu, 2016（图62）

Uronemella sinensis Pan, Zhu, Ma, Al-Rasheid & Hu, 2013, Int. J. Syst. Evol. Microbiol., 63: 3515-3523

Uronemita sinensis (Pan, Zhu, Ma, Al-Rasheid & Hu, 2013) Liu, Gao, Al-Farraj & Hu, 2016, Eur. J. Protistol., 54: 1-10

形态 活体大小（25~35）μm ×（15~20）μm，长椭圆形，体后端钝圆，前端具有明显裸毛区。表膜平滑，无背脊；射出体紧密排列在表膜下，棒状，长约2 μm。胞口位于虫体前端约65%处。胞质无色或浅灰色，常包含若干或大量直径

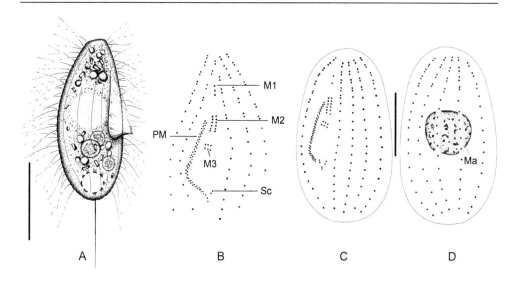

图 62　中华小尾丝虫 *Uronemita sinensis*（仿 Pan et al., 2013c）
A. 活体右侧观；B. 口区结构；C 和 D. 纤毛图式腹面观（C）和背面观（D）；Ma. 大核；M1～3. 小膜 1～3；PM. 口侧膜；Sc. 盾片（比例尺：15 μm）

约为 5 μm 的食物泡和长约 2 μm 的哑铃状结晶体。1 枚球形大核位于虫体前部。伸缩泡直径约 5 μm，位于腹面尾端；伸缩泡开孔位于第 1 列体动基列末端。体纤毛长约 10 μm，密布排列；尾纤毛长约 15 μm。

运动方式为快速绕虫体纵轴中速旋转，间或安静停留于底质，受惊扰时离开。9 或 10 列体动基列，每列前约 1/3 为双动基系，其余 2/3 为单动基系。

小膜 1 位于亚顶端，距其他小膜较远，并由单列排布的 2 或 3 个毛基体组成；小膜 2 由 2 纵列毛基体组成；小膜 3 则包含 3 纵列毛基体。口侧膜位于口区右侧，前端起于小膜 2 右前端。盾片由 3 对毛基体组成，排列成"Y"形。

银线系具有该属级典型特征。胞肛亚尾端分布，位于第 1 及第 n 列体动基列之间，细线状。

标本采集　2010 年 10 月 4 日采自山东青岛石老人浴场潮间带沙滩，水温约 17℃，盐度约 35‰。

标本保藏　正模标本片保存于中国海洋大学原生动物学研究室（编号：PXM-20101004），1 张副模标本片保存于英国自然历史博物馆（编号：NHMUK 2013.7.4.2）。

28. 尾丝虫属 *Uronema* Dujardin, 1841

Uronema Dujardin, 1841. Paris: Librairie Encyclopédique de Roret: 684. **模式种**: *Uronema marinum* Dujardin, 1841

形态　虫体通常为长椭圆形，顶端具一平截状的裸毛区，后端钝圆，着生单根尾纤毛。小膜 1 单列，小膜 2 和小膜 3 多列；口侧膜前端起始于小膜 2 右侧；胞口通常位于虫体前部 1/3~1/2 处；盾片为数对不规则排列的毛基体。

种类及分布 全球记载 14 种，中国记录 6 种。

种检索表

1. 小膜 1 分成前、后两段 ·· 东方尾丝虫 *U. orientalis*
   小膜 1 为一整体 ··· 2
2. 小膜 1 包含 2 纵列毛基体 ·· 偏海洋尾丝虫 *U. apomarinum*
   小膜 1 为单列纵向毛基体 ·· 3
3. 第 1 列体动基列明显短于其他体动基列 ··· 暗尾丝虫 *U. nigricans*
   第 1 列体动基列等长于其他体动基列 ··· 4
4. 体动基列数为 12~14 列 ··· 海洋尾丝虫 *U. marinum*
   体动基列数大于等于 15 列 ·· 5
5. 体动基列数小于 20 列 ··· 异海洋尾丝虫 *U. heteromarinum*
   体动基列数不小于 20 列 ·· 优雅尾丝虫 *U. elegans*

（63）东方尾丝虫 *Uronema orientalis* Pan X, Huang, Fan, Ma, Al-Rasheid, Miao & Gao, 2015（图 63）

Uronema orientalis Pan X, Huang, Fan, Ma, Al-Rasheid, Miao & Gao, 2015, Acta Protozool., 54: 31-43

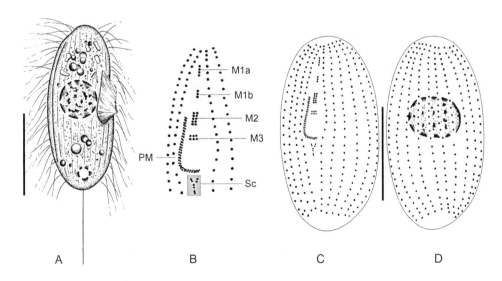

图 63 东方尾丝虫 *Uronema orientalis*（Pan X et al., 2015a）

A. 活体右腹面观；B. 口区结构；C 和 D. 纤毛图式腹面观（C）和背面观（D）；M1a. 小膜 1 前部分；M1b. 小膜 1 后部分；M2. 小膜 2；M3. 小膜 3；PM. 口侧膜；Sc. 盾片（比例尺：30 μm）

形态 活体大小（40～55）μm×（20～30）μm，长椭圆形；顶部具一明显平截区，背面后端略阔圆。表膜平滑，无背脊；射出体棒状，长约 4 μm，稀疏排列在表膜下。胞口位于虫体前端 1/2 处。胞质无色或浅灰色，内含大量直径约为 5 μm 的食物泡和哑铃状结晶体（长约 4 μm）。1 枚球形大核，位于体中部。伸缩泡直径约 5 μm，尾端分布。体纤毛长约 10 μm，排列密集；尾纤毛长约 20 μm。

运动方式为绕虫体纵轴旋转前进，有时在培养皿底部缓缓爬行。

20 列体动基列，延伸至虫体全身，由均匀分布的单动基系组成。

小膜 1 单列，分成前、后两段，前段包含 4 个毛基体，后段含 3 个；小膜 2 含 2 列纵向的毛基体；小膜 3 含 3 列纵向的毛基体。口侧膜前端起于小膜 2 中部。盾片包含 4 对毛基体。伸缩泡开孔位于第 2 列体动基列末端。

标本采集 2012 年 4 月 13 日采自山东青岛雕塑园潮间带沙滩，水温约 15℃，盐度约 29‰。

标本保藏 正模标本片保存于中国海洋大学原生动物学研究室（编号：PXM-20120413-01），1 张副模标本片保存于英国自然历史博物馆（编号：NHMUK 2013.8.15.2）。

（64）偏海洋尾丝虫 *Uronema apomarinum* Liu, Li, Zhang, Fan, Yi & Lin, 2020
（图 64）

Uronema apomarinum Liu, Li, Zhang, Fan, Yi & Lin, 2020, Int. J. Syst. Evol. Microbiol., 70: 2405-2419

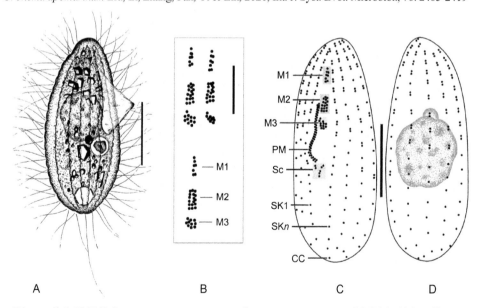

图 64　偏海洋尾丝虫 *Uronema apomarinum*（仿 Liu et al.，2020）（彩图请扫封底二维码）
A. 活体左侧观；B. 口区小膜；C 和 D. 纤毛图式腹面观（C）和背面观（D）；M1～3. 小膜 1～3；CC. 尾纤毛基体；PM. 口侧膜；Sc. 盾片；SK1、*n*. 第 1 和第 *n* 列体动基列（比例尺：10 μm）

形态　活体大小（20～35）μm×（10～15）μm，椭球形或卵形；顶部具较小的平截区，体后端略钝。表膜具不明显缺刻，未观察到射出体。口区长度约为体长一半；胞口位于虫体 1/2 处；口区小膜长 5～6 μm。胞质无色至浅灰色，含若干棒状结晶体、大量脂质颗粒和食物泡。大核球形，位于体中央，直径 7～10 μm；小核球形，紧邻大核，直径 1.5～2.0 μm。伸缩泡分布于尾端，直径 3～5 μm。体纤毛密集分布，长 5～6 μm；尾纤毛 1 根，长 12～15 μm。

运动以中速游动为主，在未受惊扰的情况下，常为完全的静息态，附着于底质上。

12 或 13 列体动基列，长度约为体长的 90%。第 1 列体动基列包含 17～24 个毛基体，其中后端 8～13 个为单动基系。

小膜 1 位于体前端 1/7～1/6 处，由排成 2 纵列、5 横列的 8 个毛基体构成，且第 1 和第 4 横列各含 1 个毛基体，小膜 1 长度等于或长于小膜 1 与小膜 2 之间的距离；小膜 2 和 1 约等长，包含 3 纵列毛基体；小膜 3 呈斑块状，邻近小膜 2 末端。口侧膜由排布成"之"字形的 2 列毛基体构成，前端起始于小膜 2 中部。盾片位于口侧膜后部，由 3 对双动基系毛基体和 1 个单动基系毛基体组成。

标本采集　2016 年 3 月采集于深圳沿海红树林湿地（22°31′16″N, 114°0′3″E），水温约 15℃，盐度约 10‰，pH 7.1。

标本保藏　正模标本片保存于英国自然历史博物馆（编号：NHMUK 2019.4.30.1）。

（65）暗尾丝虫 *Uronema nigricans* (Müller, 1786) Florentin, 1901（图 65）

Cyclidium nigricans Müller, 1786 Havniae et Lipsiae: N. Mölleri: 367
Uronema nigricans (Müller, 1786) Florentin, 1901, Annls Sci. Nat. (Zool.), 12: 343-363

形态　活体大小（30～40）μm×（12～20）μm，长椭圆形；前端较平，具一明显平截区，后端较宽大。表膜薄，有轻微缺刻，沿体动基列有纵向脊状突起，活体状态下未发现射出体。口区约占体长一半。胞质无色至浅灰色，含诸多短棒状结晶体，分布于体前和体后部。充分进食个体，胞质含有许多灰绿色食物泡，致使虫体在低倍镜下呈暗灰色。1 枚球形至卵圆形大核，位于体中部。伸缩泡位于尾端，完全扩张时直径约 4 μm。体纤毛长 5～7 μm，密集排列；尾纤毛长 15～20 μm。

运动以较快速游动为主，偶尔于基质上缓慢爬动或静止于培养皿底。

13～15 列体动基列纵向分布，在体前端形成一小的裸毛区。体动基列前半为排列紧密的双动基系，后半为排列较疏松的单动基系。

小膜 1 单列，位于平截区附近，含 5 或 6 个纵向排列的毛基体，其中中部的 1 个毛基体略向左偏移；小膜 2 几乎与小膜 1 等长，由 2 或 3 列纵向的毛基体构成；小膜 3 含 7～9 个毛基体，呈斑块状。口侧膜前端起始于小膜 2 中部。盾片通

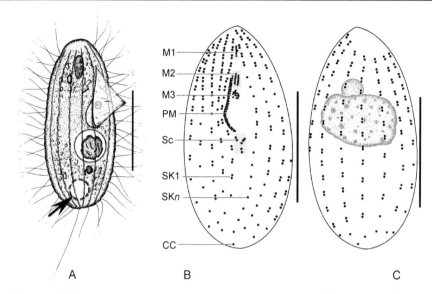

图 65　暗尾丝虫 *Uronema nigricans*（仿 Liu et al.，2017）（彩图请扫封底二维码）
A. 活体右侧观；B. 纤毛图式腹面观（B）和背面观（C）；CC. 尾纤毛基体；M1~3. 小膜 1~3；PM. 口侧膜；Sc. 盾片；SK1、*n*. 第 1 和第 *n* 列体动基列（比例尺：30 μm）

常包含 2 或 3 对毛基体。

标本采集　2015 年 12 月 7 日采自深圳一淡水河流（22°32′19″N，114°06′45″E），水温约 15℃，盐度 0。

标本保藏　2 张凭证标本片保存于中国海洋大学原生动物学研究室（编号：LMJ-20151207-01-1；LMJ-20151207-01-2）。

（66）海洋尾丝虫 *Uronema marinum* Dujardin, 1841（图 66）

Uronema marinum Dujardin, 1841, Paris: Librairie Encyclopédique de Roret: 684

形态　活体大小（25~35）μm×（10~15）μm，虫体瘦长，圆柱形；前端具有明显的裸毛区，后端钝圆。表膜较薄，基本平滑；射出体位于皮层下，活体状态下不明显。口区位于体中部。胞口位于赤道线处。胞质透明，常包含少量直径为 1~2 μm 的砖形或哑铃状折光颗粒，体前部和后部较多。1 枚大核，卵圆形至球形，位于体中部。伸缩泡较大，直径约 5 μm，位于尾端；伸缩泡开孔位于第 2 列体动基列后部。体纤毛密集排布，长约 5 μm；尾纤毛长约 13 μm。

运动方式为惊扰后快速游动，或长时间静息于基底上。

11~14 列体动基列，前部不延伸至最前端，形成一裸毛区；第 1 和第 *n* 列体动基列分别包含约 20 个和 23 个动基系。

小膜 1 含 3~6 个纵向排列的毛基体；小膜 2 略长于小膜 1，由 2 纵列、每列 5 或 6 个毛基体构成；小膜 3 较小，离小膜 2 近。口侧膜含有呈"之"形排列的 2

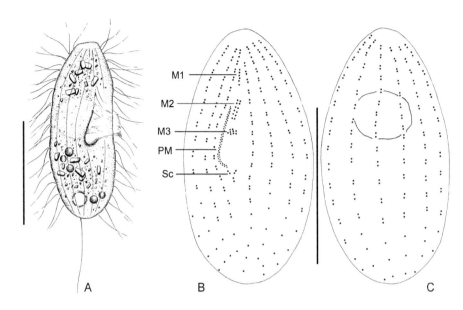

图66 海洋尾丝虫 *Uronema marinum*（仿 Pan et al.，2010）
A. 活体腹面观；B 和 C. 纤毛图式腹面观（B）和背面观（C）；M1～3. 小膜1～3；PM. 口侧膜；Sc. 盾片
（比例尺：20 μm）

列毛基体，前端至小膜2的中部。盾片由排列成"Y"形的3对毛基体组成。

第 n 列体动基列的银线穿过尾毛复合体到达第9列体动基列。胞肛位于口后方的第1和第 n 列体动基列之间。

标本采集 2006年采集于山东青岛近岸水体。2010年11月6日采自湛江特呈岛沿海养殖池（21°08′59″N，110°26′28″E），水温约21℃，盐度约26‰。

标本保藏 1张凭证标本片保存于中国海洋大学原生动物学研究室（编号PXM-20101107）。

(67) 异海洋尾丝虫 *Uronema heteromarinum* Pan, Huang, Hu, Fan, Al-Rasehid & Song, 2010（图67）

Uronema heteromarinum Pan, Huang, Hu, Fan, Al-Rasehid & Song, 2010, Acta Protozool., 49: 45-59

形态 活体大小（28～50）μm×（10～22）μm，椭圆柱形或近肾形；腹面观口区一侧虫体边缘平直，反口侧月牙状弯曲；体前端平截区无毛。表膜显著凹凸，呈网格状；射出体细棒状，长约2 μm，紧密排布于表膜下。口区位于体中部。胞质无色至浅灰色，内含若干食物泡及一些长约2 μm的哑铃状结晶体。大核球形，位于体中部之前，直径约10 μm。伸缩泡位于尾端，直径约5 μm，收缩周期小于5 s；伸缩泡开孔位于第2列体动基列末端。体纤毛长约8 μm；1根尾纤毛，长10～15 μm。

运动方式为绕虫体纵轴旋转并快速游动，亦能爬行于基底或杂质上甚至静止。

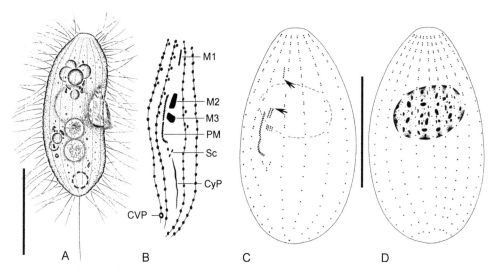

图67 异海洋尾丝虫 Uronema heteromarinum（仿 Pan et al., 2010）

A. 活体右侧观；B. 口区结构；C 和 D. 纤毛图式腹面观（C）和背面观（D），箭头示小膜1和2的距离较远；CVP. 伸缩泡开孔；CyP. 胞肛；M1～3. 小膜1～3；PM. 口侧膜；Sc. 盾片（比例尺：20 μm）

15 或 16 列体动基列，前 1/3～1/2 为双动基系，其余为单动基系。

小膜 1 位于亚前端，距小膜 2 较远，由 4～7 个毛基体排成一列；小膜 2 由 2 列纵向的毛基体组成；小膜 3 不明显，由 4 横列的毛基体组成。口侧膜含 2 列毛基体，前端起始于小膜 2 中部。盾片恒由排列成"Y"形的 3 对毛基体组成。

银线系为方格状银线网格。胞肛亚尾端分布，位于第 1 及第 n 列体动基列之间，细线状。

标本采集　2008 年 8 月 29 日采自山东青岛小港近岸水体，水温约 25℃，盐度约 30‰。2009 年 11 月 30 日采自广东惠州大亚湾潮间带沙滩，水温约 23℃，盐度约 32‰。

标本保藏　正模标本片（编号：FXP-20080829-01-01）和 1 张副模标本片（编号：FXP-20080829-01-02）保存于中国海洋大学原生动物学研究室。

（68）优雅尾丝虫 Uronema elegans Maupas, 1883（图68）

Cryptochilum elegans Maupas, 1883, Archs Zool. Exp. Gén., 1: 427-664
Uronema elegans Kahl, 1931, Tierwelt Dtl., 21: 181-398

形态　活体大小通常（30～45）μm ×（20～25）μm，体形稳定，通常为圆柱形或肾形，顶部具较小的平截区。表膜具显著的缺刻，纤毛由凹陷处发出；纵向则为不明显的瓦脊状或肋状结构；射出体棒状，长 2～3 μm，紧密排布于表膜下。口区外轮廓侧面观于胞口处略凹入并形成一窄长的口腔。胞口于虫体腹面中部。胞质无色至浅灰色，含大量直径为 5 μm 的食物泡和棒状或哑铃状结晶体。单一大、小核，

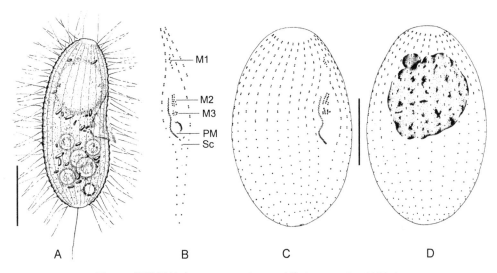

图 68 优雅尾丝虫 Uronema elegans（仿 Song et al.，2002a）
A. 活体侧面观；B. 口区结构；C 和 D. 纤毛图式腹面观（C）和背面观（D）；M1~3. 小膜 1~3；PM. 口侧膜；
Sc. 盾片（比例尺：15 μm）

位于体前部。伸缩泡小，位于腹面亚尾端处。体纤毛长 8~10 μm，尾纤毛长约 15 μm。

运动较迟缓，在未受惊扰的情况下，常为完全的静息态，或附于底质上；在水中游动时无特征，速度较慢。

约 23 列体动基列，延伸至全身，且前 2/5 为双动基系，其余为单动基系。

口区小膜 1 由约 7 个毛基体构成，明显亚顶位分布，远离其他小膜；小膜 2 和 3 相对短小，均包含 3 列毛基体。口侧膜位于口区右侧，前端起始于小膜 2 中部。盾片位于口侧膜后部，由 3 对毛基体组成。

标本采集　2001 年 6 月采集于山东青岛海区所产缢蛏（Sinonovacula constrzcta）的外套腔内，宿主生境水温约 24℃，盐度约 32‰。

标本保藏　凭证标本片保存于中国海洋大学原生动物学研究室（编号：SW-2001619）。

29. 平腹虫属 Homalogastra Kahl, 1926

Homalogastra Kahl, 1926, Arch. Protistenk., 55: 197-438. **模式种**: Homalogastra setosa Kahl, 1926

形态　虫体纺锤形至卵圆形，前端平截区不明显。胞口亚赤道线分布；小膜 1 包含纵向的 1 列或 2 列毛基体，长度小于小膜 2，位于体前端且和小膜 2 及 3 相距较远；口侧膜起始于小膜 2 中部至口区后缘之间，延伸至体末端约 1/4 处；盾片包含 2 或 3 个毛基体。第 1 列体动基列前段为双动基系，后 1/4~1/3 为单动基系。

种类及分布 全球记载仅 2 种，见于土壤或半咸水。中国于深圳红树林湿地发现 1 种。

（69）拟刚毛平腹虫 *Homalogastra parasetosa* Liu, Li, Zhang, Fan, Yi & Lin, 2020（图 69）

Homalogastra parasetosa Liu, Li, Zhang, Fan, Yi & Lin, 2020, Int. J. Syst. Evol. Microbiol., 70: 2405-2419

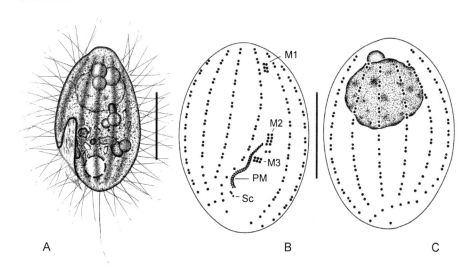

图 69 拟刚毛平腹虫 *Homalogastra parasetosa*（仿 Liu et al., 2020）
A. 活体右侧观；B 和 C. 纤毛图式腹面观（B）和背面观（C）；M1～3. 小膜 1～3；PM. 口侧膜；Sc. 盾片
（比例尺：10 μm）

形态 活体大小（20～25）μm ×（10～15）μm，长椭球形或卵形，前端具有不明显平截区。表膜具有纵向的凹槽，未观察到射出体。口区深陷，口侧膜纤毛仅在体后部可见，长 8～10 μm。胞质无色至浅灰色，常包含若干棒状结晶体、脂质颗粒和食物泡。1 枚球形大核，位于体前端 1/4～1/3 处，直径 10～12 μm；小核邻近大核，直径 1.5～2 μm。伸缩泡 1 枚，分布于尾端，舒张时直径 3～4 μm，收缩间隔 10～15 s。体纤毛密集排布，长 5～8 μm，尾纤毛 1 根，长 10～12 μm。

运动方式为较快速地游动，时而不规则跳跃。

11～14 列体动基列，延伸至体后端 85%处。体动基列通常前 80%为双动基系，后 20%为单动基系。第 1 列体动基列包含 14～22 个毛基体粒，后端弯曲。第 2 列体动基列后端略短，终止于体长约 75%处。

小膜 1 由 2 列纵向的毛基体构成；小膜 2 含 2 列、共 6～8 个毛基体，但最后端 2 个毛基体与其他毛基体明显分隔；小膜 3 由排成 2 横列的 6 个毛基体组成。口侧膜毛基体呈"之"字形排列，长度约占体长 35%，前端起始于小膜 2 中后部，后端止于体后端 1/5 处。盾片不明显,含 2 或 3 个毛基体,邻近口侧膜后端。

标本采集 2016 年 11 月 13 日采自深圳沿海红树林湿地(22°31′16″N,114°0′3″E),水温约 18℃,盐度约 10‰。

标本保藏 正模标本片(编号:NHMUK 2019.4.30.2)和 1 张副模标本片(编号:NHMUK 2019.4.30.3)保存于英国自然历史博物馆。

(十六)精巢虫科 Orchitophryidae Cépède, 1910

Orchitophryidae Cépède, 1910, Arch. Zool. Exp. Gén. (Série 5), 3: 341-609

虫体很小至中等大小。口区位于体前端 1/3～1/2 处;盾片沿中腹部口后排列。通常尾端具 1 枚伸缩泡和 1 根尾纤毛。海洋生活,常兼性寄生于甲壳纲动物、海星及鱼体内。

该科全球记载 6 属,中国记录 4 属。

属检索表

1. 口侧膜前端起于小膜 3 末端 ·· 拟异阿脑虫属 *Paramesanophrys*
   口侧膜前端起于小膜 2 ·· 2
2. 口侧膜前端起于小膜 2 右侧前沿处 ··· 拟阿脑虫属 *Paranophrys*
   口侧膜前端起于小膜 2 右侧中部或后部 ··· 3
3. 口侧膜前端起于小膜 2 右后方 ·· 异阿脑虫属 *Mesanophrys*
   口侧膜前端起于小膜 2 右侧中部 ·· 后阿脑虫属 *Metanophrys*

30. 拟异阿脑虫属 *Paramesanophrys* Pan X, Fan, Al-Farraj, Gao & Chen, 2016

Paramesanophrys Pan X, Fan, Al-Farraj, Gao & Chen, 2016, Eur. J. Taxon., 191: 1-18. **模式种**: *Paramesanophrys typica* Pan X, Fan, Al-Farraj, Gao & Chen, 2016

形态 虫体长条形至纺锤形,前端尖,后端略圆,且尾中部外廓向内显著凹陷。小膜 1 含 2 列毛基体,小膜 2 和 3 均含 3 列,口侧膜前端起于小膜 3 末端。

种类及分布 全球已知仅 1 种,发现于中国广东沿海。

(70)典型拟异阿脑虫 *Paramesanophrys typica* Pan X, Fan, Al-Farraj, Gao & Chen, 2016(图 70)

Paramesanophrys typica, Pan X, Fan, Al-Farraj, Gao & Chen, 2016, Eur. J. Taxon., 191: 1-18

形态 活体大小(90～100)μm×(25～35)μm,长条形至纺锤形,前端尖,后端略圆,且尾端中部外廓向内显著凹陷。表膜坚实,射出体成排分布于体动基列之间,长约 4 μm。口区于弯月形和圆形之间变换,口区小膜不发达。胞口位于体前端 2/5 处。胞质浅灰色,在体前端和后端常分布大量食物泡、发光油球和少

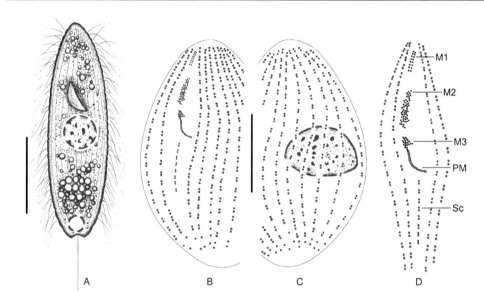

图 70 典型拟异阿脑虫 *Paramesanophrys typica*（仿 Pan X et al., 2016）
A. 活体腹面观；B 和 C. 纤毛图式腹面观（B）和背面观（C）（局部）；D. 口区结构；M1～3. 小膜 1～3；PM. 口侧膜；Sc. 盾片（比例尺：40 μm）

量形状不规则的结晶体。1 枚椭球形大核，位于体中部。伸缩泡 1 枚，尾端分布，直径约 8 μm，收缩周期约 1 min。体纤毛密布排列，长 8～10 μm；单一尾纤毛，长约 15 μm。

运动方式为通常沿"S"形向前快速穿梭游动，间或缓慢爬行于底质上。

20 或 21 列体动基列。

小膜 1 包含 2 纵列，每列均含 8～10 个毛基体；小膜 2 含 3 纵列，每列均由 13～16 个毛基体组成；小膜 3 相对短小，含 3 纵列，且每列含 3 或 4 个毛基体。口侧膜毛基体呈"之"字形排布，前端起于小膜 3 右侧末端。盾片由排成纵列的 8～10 对毛基体构成。

银线系方格状。

标本采集　2011 年 4 月 21 日采自广东大亚湾水域（22°29′10″N, 114°42′20″E），水温约 16℃，盐度约 31‰。

标本保藏　正模标本片保存于中国海洋大学原生动物学研究室（编号：PXM-20110421-01），1 张副模标本片保存于英国自然历史博物馆（编号：NHMUK 2016.3.10.1）。

31. 拟阿脑虫属 *Paranophrys* Thompson & Berger, 1965

Paranophrys Thompson & Berger, 1965, J. Protozool., 12: 527-531. **模式种**: *Paranophrys marina* Thompson & Berger, 1965

形态 虫体通常为长水滴状、长卵圆形或柱形，前端略尖削而不形成截面状顶区。胞口位于虫体的中前部。小膜 1 为多列毛基体构造，小膜 2 等于或长于小膜 1；口侧膜前端起于小膜 2 右侧前端。体动基列为混合动基系。

种类及分布 全球记载 4 种，中国记录 2 种。

种检索表

1. 体动基列数大于 20 列 ·· 海洋拟阿脑虫 *P. marina*
   体动基列数 10 列 ·· 巨大拟阿脑虫 *P. magna*

（71）海洋拟阿脑虫 *Paranophrys marina* Thompson & Berger, 1965（图 71）

Paranophrys marina Thompson & Berger, 1965, J. Protozool., 12: 527-531

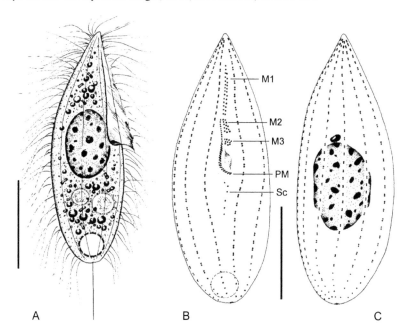

图 71　海洋拟阿脑虫 *Paranophrys marina*（仿 Song et al., 2002a）
A. 活体右侧观；B 和 C. 纤毛图式腹面观（B）和背面观（C）；M1~3. 小膜 1~3；PM. 口侧膜；Sc. 盾片（比例尺：15 μm）

形态 活体大小（30~45）μm ×（10~15）μm，纺锤形，前端尖削，后部稍钝圆。表膜光滑无缺刻，未观察到射出体。口区不明显，约占体长的 2/5。胞质透明无色至浅灰色，含许多折光颗粒和多个棒状结晶体。大、小核各 1 枚，大核椭球形，小核紧附大核之上，椭球形。单一伸缩泡位于虫体尾端。体纤毛长约 8 μm，单一尾纤毛，长约 15 μm。

运动方式为在水中无规则快速游动，或缓慢在基质上爬行。

10 列体动基列，为典型的混合动基系，其中双动基系部分长度可达体长约 6/7。

小膜 1 极窄长，由 10～12 对毛基体组成；小膜 2 和 3 均较短，分别由 2 列纵向和 3 列横向的毛基体构成。盾片由 6 个排成不规则单列的毛基体构成。

标本采集　1998 年夏季采自青岛近岸扇贝养殖池，水温约 25℃，盐度约 31‰。

标本保藏　凭证标本片保存于中国海洋大学原生动物学研究室（编号：TPJ-950323-02）。

（72）巨大拟阿脑虫 *Paranophrys magna* Borror, 1972（图 72）

Paranophrys magna Borror, 1972, Acta Protozool., 10: 29-71

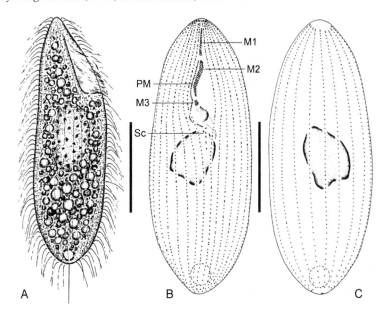

图 72　巨大拟阿脑虫 *Paranophrys magna*（仿 Song & Wilbert，2000）
A. 活体右侧观；B 和 C. 纤毛图式腹面观（B）和背面观（C）；M1～3. 小膜 1～3；PM. 口侧膜；Sc. 盾片（比例尺：20 μm）

形态　活体大小（50～70）μm×（20～40）μm，袋状或瓶状。射出体短小，长约 1.5 μm。口区窄，轻微凹陷，占体长 1/3 左右，口区小膜不明显。胞质通常含长 2～4 μm 的短棒状结晶体，多位于体后部。大核 1 枚，近球形，位于体中部。伸缩泡位于尾端，收缩间隔约 10 s。体纤毛长约 8 μm；单一尾纤毛，长约 20 μm。

22～28 列体动基列，于体前端形成一很小的裸毛区。第 1 列体动基列包含约 44 个毛基体。

小膜 1 由 3 列纵向的毛基体组成；小膜 2 略长于小膜 1，且明显较宽；小膜 3 短小，不明显。口侧膜前端与小膜 2 前端平齐，且紧邻小膜 2。盾片在小膜 3 后形成一纵列，包含 3～8 对毛基体。

标本采集 1990 年前后多次采集于山东青岛、潍坊昌邑中国对虾（*Penaeus chinensis*）养殖池，水温 7~13℃，盐度 25‰~31‰。2009 年 5 月采自山东潍坊昌邑育苗厂排水渠（盐度约 25‰）及相近的引水河道（盐度约 87‰）。

标本保藏 1 张凭证标本片保存于中国海洋大学原生动物学研究室（编号：FXP-20090528-03）。

32. 异阿脑虫属 *Mesanophrys* Small & Lynn in Aescht, 2001

Mesanophrys Small & Lynn 1985 in Aescht, 2001, Denisia, 1: 1-350. **模式种**: *Mesanophrys carcini* (Grolière & Leglise, 1977) Small & Lynn in Aescht, 2001.

形态 虫体通常为细长梭形，前端尖削而不形成平截面。胞口位于虫体赤道线以前。小膜 1 和 2 均由 2 至多列纵向的毛基体组成，小膜 3 小；口侧膜位于小膜 2 右后方。

种类及分布 全球记载 2 种，在中国青岛沿海发现 1 种。

（73）蟹栖异阿脑虫 *Mesanophrys carcini*（Grolière & Leglise, 1977）Small & Lynn in Aescht, 2001（图 73）

Paranophrys carcini Grolière & Leglise, 1977, Protistologica, 13: 503-507
Mesanophrys carcini (Grolière & Leglise, 1977) Small & Lynn in Aescht, 2001, Denisia, 1: 1-350

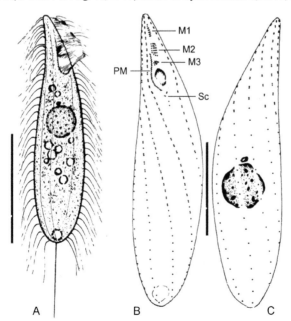

图 73 蟹栖异阿脑虫 *Mesanophrys carcini*（仿 Song & Wilbert，2000）
A. 活体腹面观；B 和 C. 纤毛图式腹面观（B）和背面观（C）；M1~3. 小膜 1~3；PM. 口侧膜；Sc. 盾片
（比例尺：A = 30 μm，B 和 C = 20 μm）

形态 活体大小（45~65）μm×（15~25）μm，细长纺锤形，前端尖削并向背面弯曲，后端稍钝圆。表膜光滑，略薄，未观察到射出体。口区约占体长的 1/3。胞质无色透明，体后端通常包含大量食物泡。1 枚椭球形大核，位于体中央。伸缩泡直径约 5 μm，分布于尾端，收缩周期约 30 s。体纤毛长约 5 μm；尾纤毛 1 根，长 10 μm。

运动方式为通常在水中快速游泳，或绕虫体纵轴中速旋转前进，间或在底质上缓慢爬行。

10 或 11 列体动基列，在虫体顶端不形成裸毛区。

小膜 1 由 2 纵列、每列具 7 或 8 个毛基体组成；小膜 2 具 5 或 6 纵列，每列含 6~8 个毛基体；小膜 3 小，由 3 列横向的毛基体组成。口侧膜位于口腔右侧，前端起始于小膜 2 后部。盾片含 3 对毛基体，排列成"Y"形。

标本采集 1990 年左右采集于山东青岛育苗池越冬亲虾的血淋巴中。2010 年 2 月 26 日采自青岛近岸水体，水温约 11℃，盐度约 32‰。

标本保藏 1 张凭证标本片保存于中国海洋大学原生动物学研究室（编号：PXM-20100226-01）。

33. 后阿脑虫属 *Metanophrys* de Puytorac, Grolière, Roque & Detcheva, 1974

Metanophrys de Puytorac, Grolière, Roque & Detcheva, 1974, Protistologica, 10: 101-111. **模式种**：*Metanophrys durchoni* de Puytorac, Grolière, Roque & Detcheva, 1974

形态 虫体前端尖削而无平截区。胞口位于虫体的中或偏前部。小膜 1 和 2 均由 2 至多列毛基体组成，小膜 3 短小；口侧膜前端起小膜 2 右侧中部。

种类及分布 全球记载 5 种，中国发现 3 种。

种检索表

1. 小膜 1 和 2 等长···东方后阿脑虫 *M. orientalis*
   小膜 1 明显长于小膜 2··2
2. 盾片的毛基体纵向成列·······························相似后阿脑虫 *M. similis*
   盾片的毛基体"Y"形排列·······························中华后阿脑虫 *M. sinensis*

（74）东方后阿脑虫 *Metanophrys orientalis* Pan, Zhu, Ma, Al-Rasheid & Hu, 2013

（图 74）

Metanophrys orientalis Pan, Zhu, Ma, Al-Rasheid & Hu, 2013, Int. J. Syst. Evol. Microbiol., 63: 3513-3523

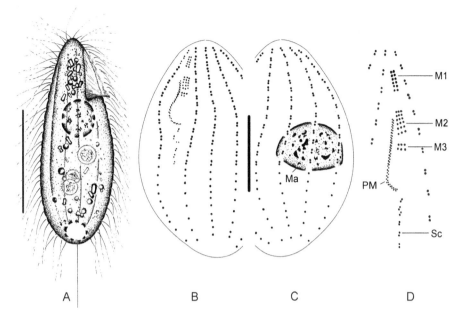

图74 东方后阿脑虫 Metanophrys orientalis（仿 Pan et al.，2013c）
A. 活体右侧观；B 和 C. 纤毛图式腹面观（B）和背面观（C），示整体纤毛图式和核器；D. 口区结构；Ma. 大核；M1~3. 小膜 1~3；PM. 口侧膜；Sc. 盾片（比例尺：20 μm）

形态 活体大小（25~50）μm ×（12~20）μm，条状至长椭圆形，前端尖削而后端略圆。虫体两侧不对称：腹面观时，虫体前端略微弯向一侧。表膜略薄，射出体成排分布于体动基列之间。口区占体长 1/4~1/3，口区小膜长 8~10 μm。胞质无色或浅灰色，在体前部包含若干食物泡，体前端和后端通常分布有大量棒状或哑铃状结晶体。1 枚大核，卵圆形至球形，位于体中部。伸缩泡尾端分布，直径约 5 μm，伸缩间隔约 5 s；伸缩泡开孔位于第 1 列体动基列末端。体纤毛密布排列，长约 8 μm；尾纤毛长约 15 μm。

运动方式为连续快速游动，间或静止不动静息于底质上。

9 或 10 列体动基列，每列体动基列大约前半部为双动基系，后半部为单动基系。

小膜 1 由 2 纵列、每列各 6 个毛基体组成；小膜 2 约与小膜 1 等长，具 3 纵列，每列含 6 个毛基体；小膜 3 靠近小膜 2，通常由短小的 3 列毛基体构成。口侧膜末端延伸至虫体距前端 1/3 处。盾片由排成纵列的 6 对毛基体组成。

标本采集 2010 年 10 月 13 日采自山东青岛仰口浴场潮间带沙滩，水温约 23℃，盐度约 30‰。

标本保藏 正模标本片保存于中国海洋大学原生动物学研究室（编号：PXM-20101013-01），1 张副模标本片保存于英国自然历史博物馆（编号：NHMUK

2013.7.4.1)。

(75)相似后阿脑虫 *Metanophrys similis* Song, Shang, Chen & Ma, 2002(图 75)

Metanophrys similis Song, Shang, Chen & Ma, 2002, Eur. J. Protistol., 38: 45-53

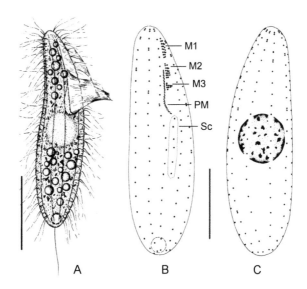

图 75 相似后阿脑虫 *Metanophrys similis*(仿 Song et al.,2002b)
A. 活体腹面观;B 和 C. 纤毛图式腹面观(B)和背面观(C);M1~3. 小膜 1~3;PM. 口侧膜;
Sc. 盾片(比例尺:20 μm)

形态 活体大小(40~65)μm×(25~35)μm,通常为长椭圆形或纺锤形;前端略尖,后端稍钝圆;腹面平直,背面隆起。表膜具显著缺刻,其下分布有纺锤形的射出体(长约 4 μm)。口区占体长的 2/5~1/2,口区小膜不发达。胞质无色或灰色,常含大量直径约为 5 μm 的食物泡和形状不规则的结晶体。单一球形大核,位于体中部,直径约 10 μm。单一伸缩泡,尾端分布,直径约 5 μm,收缩周期约 10 s。体纤毛长约 5 μm,排列紧密;单一尾纤毛,长约 10 μm。

虫体不活跃,水中缓慢游动,间或爬行于底质上。

11 或 12 列体动基列。

小膜 1 与 2 约等长,两者均由 3 纵列毛基体组成;小膜 3 小,主要含 2 列横向的毛基体。口侧膜位于口区右侧,前端起始于小膜 2 中部。盾片位于口侧膜下方,由排布成直线的若干个毛基体构成。

标本采集 2000 年左右采集于山东青岛近岸扇贝养殖池。2010 年 11 月 14 日采自广东湛江高桥近岸水体,水温约 29℃,盐度约 30‰。

标本保藏 1 张凭证标本片保存于中国海洋大学原生动物学研究室(编号:

PXM-20111114)。

(76) 中华后阿脑虫 *Metanophrys sinensis* Song & Wilbert, 2000（图 76）

Metanophrys sinensis Song & Wilbert, 2000, Zool. Anz., 239: 45-74

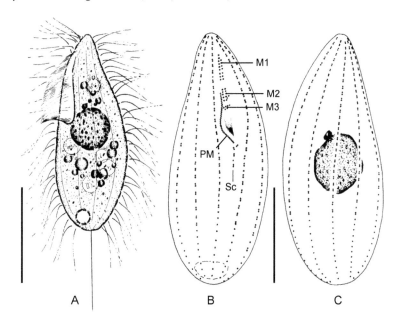

图 76　中华后阿脑虫 *Metanophrys sinensis*（仿 Song & Wilbert，2000）
A. 活体腹面观；B 和 C. 纤毛图式腹面观（B）和背面观（C）；M1～3. 小膜 1～3；PM. 口侧膜；Sc. 盾片
（比例尺：20 μm）

形态　活体大小（30～50）μm ×（10～15）μm，长椭圆形至纺锤形；前端略尖，后端稍钝圆；腹面平直，背面隆起。表膜薄，有缺刻，其下密布短棒状射出体（长 2～3 μm）。胞口位于体中部。胞质无色或灰色，含若干食物泡（直径约 5 μm）和少量哑铃状结晶体，多分布于虫体前端和后端。1 枚卵形大核，直径约 5 μm，位于体中部。单一伸缩泡，分布于尾端，直径约 3 μm。体纤毛长约 5 μm，紧密排列；1 根尾纤毛，长约 10 μm。

运动不十分敏捷，水中缓慢游动，或长时间停留于底质。

10 或 11 列体动基列，前 4/5 为双动基系，后 1/5 为单动基系。

小膜 1 长于小膜 2，两者均由 2 纵列毛基体构成；小膜 3 短小，含 2 列横向的毛基体。口侧膜位于口腔右侧，前端起始于小膜 2 中部。盾片由排布成"Y"形的 3 对毛基体构成。

银线系为方格状银线网格。

标本采集　1990 年左右采集于山东青岛近岸养殖池（盐度约 31‰）及上海中

国对虾幼苗体内（宿主生境水温约 22℃，盐度约 30‰）。2010 年 11 月 6 日采自湛江特呈岛红树林湿地，水温约 26℃，盐度约 21‰。

标本保藏 模式标本片（编号：SW-941009）和 1 张凭证标本片（编号：PXM-2010110601）保存于中国海洋大学原生动物学研究室。

（十七）拟尾丝虫科 Parauronematidae Small & Lynn, 1985

Parauronematidae Small & Lynn, 1985, Kansas: Society of Protozoologists, Lawrence: 393-575

虫体很小，梨形至卵圆形。口区位于虫体赤道线之前；盾片毛基体常排列成线形，并位于定向子午线的中间或左侧，有时前端起于口侧膜后端，盾片也可为"Y"形；海洋生活。

该科全球记载 4 属，中国记录 3 属。

属检索表

1. 口侧膜可明显分为前后两个部分 ·· 迈阿密虫属 *Miamiensis*
   口侧膜连续 ·· 2
2. 有大、小口型期 ·· 拟瞬膜虫属 *Glauconema*
   无大、小口型期 ·· 拟尾丝虫属 *Parauronema*

34. 迈阿密虫属 *Miamiensis* Thompson & Moewus, 1964

Miamiensis Thompson & Moewus, 1964, J. Protozool., 11: 378-381. **模式种**: *Miamiensis avidus* Thompson & Moewus, 1964

形态 虫体通常呈粗胖的水滴状，前端尖削，无平截区。口侧膜前端起始于小膜 2 右前端，其自身为异相结构，即前部为单动基系，后部为双动基系，且两部分互相略分离。体动基列为单动基系和双动基系混合式。

种类及分布 全球记载 1 种，在中国发现 1 种。

（77）贪食迈阿密虫 *Miamiensis avidus* Thompson & Moewus, 1964（图 77）

Miamiensis avidus Thompson & Moewus, 1964, J. Protozool., 11: 378-381

形态 活体大小（20～30）μm ×（15～25）μm，水滴状。表膜较光滑，无明显缺刻，射出体不明显。口区略微凹陷。胞质通常无色透明，大量内质颗粒、食物泡和结晶体分布于体后部。大核 1 枚，位于虫体中部。伸缩泡 1 枚，位于尾端，直径约 8 μm；伸缩泡开孔位于第 2 列体动基列末端；自第 n 列体动基列发出的银线横穿尾毛复合体后到达第 6 列体动基列。体纤毛排布紧密，长约 5 μm；尾纤毛 1 根，长约 10 μm。

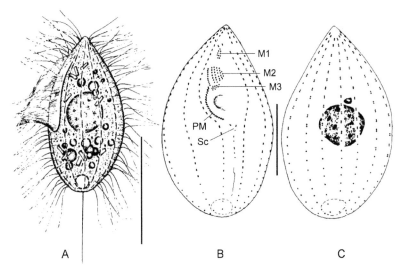

图 77 贪食迈阿密虫 *Miamiensis avidus*（仿 Song & Wilbert，2000）
A. 活体左侧观；B 和 C. 纤毛图式腹面观（B）和背面观（C）；M1~3. 小膜 1~3；PM. 口侧膜；
Sc. 盾片（比例尺：A = 20 μm，B 和 C = 15 μm）

运动不活跃，常无规律连续游动，或于底质上缓慢游动。

体动基列恒为 12 列，均为混合动基系。

小膜 1 由 2 列、每列约含 5 个毛基体组成；小膜 2 明显宽于小膜 1，包含 4 或 5 纵列，每列含 6 或 7 个毛基体；小膜 3 含 2 或 3 横列。口侧膜起始于小膜 2 中部，自身为异相结构，即前部为单动基系，后部为双动基系且略互相分离。盾片毛基体数量不稳定，排列不规则或呈"Y"形。

标本采集 2009 年 5 月 6 日采集于潍坊昌邑育苗厂的海蜇育苗池，水温约 20℃，盐度约 28‰。2015 年采集于宁波象山产虎斑乌贼（*Sepia pharaonis*）的表皮溃疡处，宿主生境水温 19~21℃，盐度 22‰~24‰。

标本保藏 2 张凭证标本片保存于中国海洋大学原生动物学研究室（编号：FXP-20090506-02；LU-20151209-01）。

35. 拟瞬膜虫属 *Glauconema* Thompson, 1966

Glauconema Thompson, 1966, J. Protozool., 13: 393-395. **模式种**: *Glauconema trihymene* Thompson, 1966

形态 虫体常呈肾形，背腹高度不对称。以具有不同生理与形态学特征的"大、小口型"而有异于其他类群，其大、小口型无明显的体长差异，但体形及口区比例不同。小膜 1~3 约等长，均由多列毛基体构成；口侧膜前端起于小膜 2 的右侧中部。

种类及分布 全球记载 5 种，中国发现 1 种。

（78）三膜拟瞬膜虫 *Glauconema trihymena* Thompson, 1966（图78）

Glauconema trihymena Thompson, 1966, J. Protozool., 13: 393-395

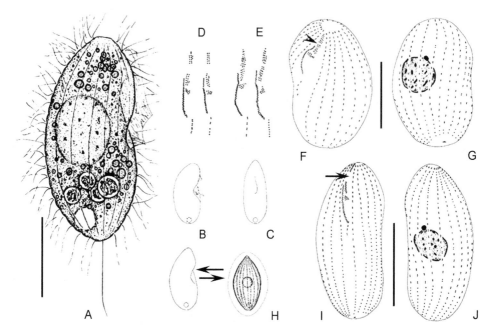

图78　三膜拟瞬膜虫 *Glauconema trihymena*（仿 Ma et al., 2006）

A 和 B. 典型大口型时期个体侧面观；C. 小口型时期腹面观；D. 小口型时期口区结构；E. 大口型时期口区结构；F 和 G. 大口型时期纤毛图式腹面观（F）和背面观（G），无尾箭头示小膜 1 和 2 的间隙较小；H. 示大口型时期和包囊时期的转换；I 和 J. 小口型时期纤毛图式腹面观（I）及背面观（J），箭头示小膜 1 与 2 间的空隙较大
（比例尺: 20 μm）

形态　虫体大口型期活体大小（30～36）μm×（16～24）μm，侧面观长肾形，显著侧扁，此期个体通常大于小口型期。胞口位于体中部。小口型期虫体长卵圆形甚至长梭形，断面基本呈圆形，活体大小（30～40μm）×（8～15）μm。体前端不同程度地尖削并形成一尖顶，后端钝圆。胞口位于体前 1/3 处（明显较大口型时前置）。1 枚大核，球形，位于体中部。伸缩泡 1 枚，位于尾端。体纤毛密布，尾纤毛长约 15 μm。

运动无特色，大口型期表现为缓慢爬行，而小口型期则为快速游泳。

体动基列恒为 17 列，虫体在大、小口型期形成极显著或不明显的顶端裸毛区。

在小口型期，小膜 1 通常由 2 列纵向的毛基体构成，每列含 5～8 个毛基体，小膜 1 几乎紧邻顶区。小膜 2 与 1 结构相近，2 列结构。在大口型期，小膜 1 明显后置，由 2 或 3 列毛基体构成（每列含较多的毛基体），与小膜 2 不易辨别。

标本采集　2000 年 9 月采集自山东青岛近岸贝类养殖池，盐度约 31‰。2011 年 4 月 21 日采自广东大亚湾离岸水体，水温约 20℃，盐度约 31‰。

标本保藏 2 张凭证标本片保存于中国海洋大学原生动物学研究室（编号：LWW-20061213-03；PXM-20111125-01）。

36. 拟尾丝虫属 *Parauronema* Thompson, 1967

Parauronema Thompson, 1967, J. Protozool., 14: 731-734. **模式种**: *Parauronema virginiaum* Thompson, 1967

形态 虫体通常长椭圆形，前端通常具一小平截区。胞口位于体中部；小膜 1 包含 2 纵列毛基体。

种类及分布 全球记载 4 种，国内发现 2 种。

种检索表

1. 小膜 1 显著长于小膜 2 ·· 长拟尾丝虫 *P. longum*
   小膜 1 长度约等于小膜 2 ·· 弗州拟尾丝虫 *P. virginianum*

（79）长拟尾丝虫 *Parauronema longum* Song, 1995（图 79）

Parauronema longum Song, 1995, J. Ocean Univ. Qingdao, 25: 461-465

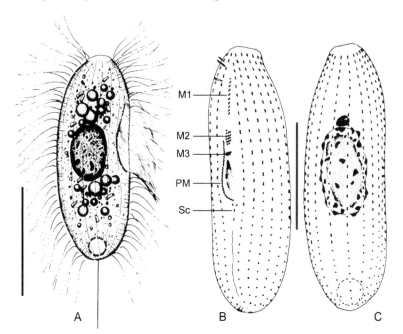

图 79 长拟尾丝虫 *Parauronema longum*（仿宋微波，1995b）
A. 活体右侧观；B 和 C. 纤毛图式腹面（B）和背面（C）观；M1～3. 小膜 1～3；PM. 口侧膜；Sc. 盾片（比例尺：25 μm）

形态 活体大小（45～60）μm×（20～30）μm，长椭圆形；后端略圆，腹面平直，背面隆起。表膜在纤毛着生处明显凹陷；射出体棒状，长 2～3 μm。口区长度占体长 2/5～1/2。胞质无色或灰色，透明，常含若干油球颗粒；结晶体长 1～2 μm，砖形或哑铃状，常在体前端和体后端分布较多。1 枚椭球形大核，位于体中部，大小约 15 μm×10 μm；1 枚球形小核紧邻大核。伸缩泡直径约 5 μm，尾端分布。体纤毛长 5～7 μm，单一尾纤毛长 10～15 μm。

运动方式为水中适度快速游动，间或缓慢爬行于底质上。

19～22 列体动基列，第 1 列体动基列约含 32 个毛基体。

小膜 1 含 2 纵列，每列有 7～10 个毛基体；小膜 2 与小膜 1 分离开，含 3 纵列，每列含 6 个毛基体；小膜 3 短于小膜 1 和 2，含 2 列毛基体。口侧膜前端起始于小膜 2 的中部。盾片 "Y" 形，含 4 对毛基体。

标本采集 1993～1994 年采自青岛黄岛及太平角养殖水体，水温 8～15℃，盐度 30‰～33‰。2010 年 3 月 12 日采自青岛奥帆中心近岸水体，水温约 7℃，盐度约 35‰。

标本保藏 正模标本片（编号：SQ-93403-1）和 1 张副模标本片保存于中国海洋大学原生动物学研究室（编号：SQ-93403-2）。

（80）弗州拟尾丝虫 *Parauronema virginianum* Thompson, 1967（图 80）

Parauronema virginianum Thompson, 1967, J. Protozool., 14: 731-734

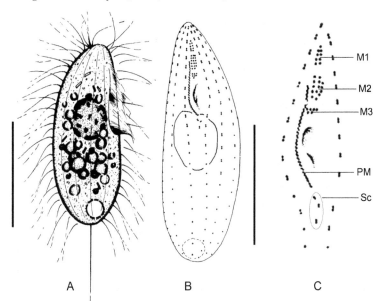

图 80　弗州拟尾丝虫 *Parauronema virginianum*（仿 Song & Wilbert，2000）
A. 活体右侧观；B. 纤毛图式腹面观；C. 口区结构；M1～3. 小膜 1～3；PM. 口侧膜；Sc. 盾片（比例尺：20 μm）

形态 活体大小（45～70）μm×（20～35）μm，长椭球形。表膜在体动基列之间形成纵向脊状突起；射出体棒状，长约 4 μm。口区占体长的 35%～40%。胞质常含大量直径约为 3 μm 的食物泡和哑铃状结晶体。1 枚椭球形大核，体中部分布，1 枚球形小核紧邻大核。1 枚伸缩泡，尾端分布，直径约 10 μm。体纤毛长约 6 μm，体中部的纤毛不易观察到；单一尾纤毛，长约 20 μm；口纤毛长约 5 μm。

运动方式为水中无规则快速游动，间或缓慢爬行于底质上。

11 列体动基列，覆盖大部分虫体，仅在顶端截止并形成一裸毛区，每列体动基列通常前 1/4 或 1/3 为双动基系，其余为单动基系。

小膜 1 位于亚顶端，含 2 纵列，每列具 4 或 5 个毛基体；小膜 2 长度约等于或略小于小膜 1，具 3 纵列毛基体；小膜 3 含 3 列横向的毛基体。口侧膜位于口区右侧，前端起于小膜 2 前中部。盾片由排布成"Y"形的 3 对毛基体构成。

标本采集 1990 年左右分离自江苏射阳、山东莱州和海阳的西施舌（*Mactra antiquata*）的外套腔，宿主生境水温 17～24℃，盐度 28‰～31‰。2010 年 7 月 3 日采自山东省胶州室内养虾池，水温约 20℃，盐度约 28‰。

标本保藏 1 张凭证标本保存于中国海洋大学原生动物学研究室（编号：PXM-20100703-01）。

三、斜头目 Loxocephalida Jankowski, 1980

虫体非常小至很大，卵形至长棒形。口区通常较小，3 片小膜倾斜甚至垂直于虫体纵轴排列，口侧膜平缓弯曲。通常口腔壁有口肋，口后具有盾片。体动基列最前端通常为双动基系，其余为单动基系；一般具有口后体动基列和口肋。

该目包含 3 个科，中国记录 3 个科。

科检索表

1. 口区小膜垂直于虫体纵轴排列 ·················· 贝虱虫科 Conchophthiridae
   口区小膜倾斜于虫体纵轴排列 ·· 2
2. 虫体长棒状，口区近体前端 ·················· 斜头虫科 Loxocephalidae
   虫体背腹扁平，口区位于亚前端或近中部 ·················· 映毛虫科 Cinetochilidae

（十八）贝虱虫科 Conchophthiridae Kahl in Doflein & Reichenow, 1929

Conchophthiridae Kahl in Doflein & Reichenow, 1929, Jena: Gustav Fischer: 865-1262

虫体很小至中等大小，左右扁平，侧面观椭圆形或宽肾形。纤毛密布，左侧前端为趋触区，含双动基系。口区相对较小，近赤道线；口区小膜倾斜排列或退化；口腔深处具有相当于盾片的深部毛基体单位。共栖生于海、淡水生双壳贝类的外套腔。

该科全球记载 2 属，中国发现 1 属。

37. 贝虱虫属 *Conchophthirus* Stein, 1861

Conchophthirus Stein, 1861, Sitz. Ber. Bohm. Ges. Wiss. Prag. (1. Halbi.), 1861: 85-90. **模式种**: *Conchophthirus anodontae* (Ehrenberg, 1838) Stein, 1861

形态 虫体较大，左右两侧扁平。口区相对较小，位于腹面边缘，口腔侧壁具有口肋支撑；小膜位于口区顶部，通常与虫体纵轴垂直。1 枚伸缩泡。多根尾纤毛。

种类及分布 该属全球已知 10 种，在中国发现 2 种。

种检索表

1. 103～180 列体动基列·····································短毛贝虱虫 *C. curtus*
   54～82 列体动基列·······································薄片贝虱虫 *C. lamellidens*

（81）短毛贝虱虫 *Conchophthirus curtus* Engelmann, 1862（图 81）

Conchophthirus curtus Engelmann, 1862, Z. Wiss. Zool., 11: 347-393

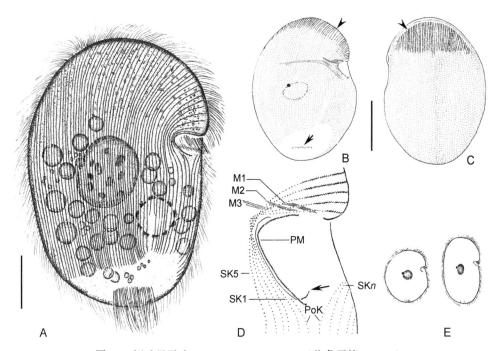

图 81　短毛贝虱虫 *Conchophthirus curtus*（仿詹子锋，2012）

A. 活体右侧观；B 和 C. 纤毛图式右侧观（B）和左侧观（C），B 中箭头示尾纤毛基体，无尾箭头示体动基列前端密集的双动基系；D. 口区结构，箭头示深部基体单元；E. 活体时不同长宽比的个体；M1～3. 小膜 1～3；PoK. 口后动基列；PM. 口侧膜；SK1、5、*n*. 第 1、第 5 和第 *n* 列体动基列（比例尺：30 μm）

形态 虫体大小个体间变化较大，(70～220) μm ×(55～150) μm，长宽比通常为 4∶3；左右扁平，侧面观椭圆形。口区呈漏斗状，位于体前 1/4 处。胞口内部有一弓形的细胞咽。体前部胞质含许多内质颗粒，体中后部含许多食物泡。卵形大核位于虫体中央，大小约为 33 μm × 20 μm；1 枚小核，位于大核背部的轻微凹陷处，直径约 2 μm。伸缩泡位于虫体中偏下部位，靠近腹面，舒张时直径约 10 μm。体纤毛遍布全身，紧密排列，长约 10 μm。

103～180 列体动基列，每列体动基列的前部（左侧更为明显）含排列密集的双动基系，剩下部分则是单动基系。左右两侧体动基列形成一沿着前部边缘分布的缝合线。从第 1 列体动基列开始，约 5 列体动基列经过口区内陷形成的漏斗区域，呈"屋檐"状。12～35 根尾纤毛，其毛基体分布于虫体亚尾端，横向紧密排列。2 列口后体动基列。

口区 3 片小膜均由横向的 3 列毛基体构成。小膜 1 最短，小膜 2 最长。口侧膜含呈"之"字形排列的毛基体，前端起始处接近于小膜 2。平行于口侧膜的深部位置有 1 列不长纤毛的深部基体单元，其后端常略弯曲。

标本采集 2010 年 4 月 12 日分离自宿主无齿蚌（*Anodonta* sp.）的鳃丝和外套腔，宿主采购于福州永乐县漳港市场，产于永乐县养殖池塘。

标本保藏 1 张凭证标本片保存于中国科学院海洋生物标本馆（编号：ZZF-20100513-2）。

(82) 薄片贝虱虫 *Conchophthirus lamellidens* Ghosh, 1918（图 82）

Conchophthirus lamellidens Ghosh, 1918, Rec. Ind. Mus., 15: 131-134

形态 虫体大小（95～115）μm ×（48～58）μm，左右扁平，侧面观梨形。右侧面口区部分轻微隆起，尾部有一个明显的突起。口区位于体中部，明显向内凹陷，呈漏斗状。1 枚大核，位于虫体中央；1 枚小核，位于大核凹陷处。伸缩泡位于虫体中后部位，靠近腹面。

54～82 列体动基列，左侧第 1～7 列体动基列绕过口腔边缘，呈"屋檐"状。2 列口后体动基列，其前端分别起始于口区左、右两侧。

小膜 1～3 彼此不易区分，约由 6 列短的倾斜排列的毛基体组成。口侧膜前端轻微弯曲，其余部分平直。深部基体单元平行于口侧膜。

标本采集 2010 年 4 月 12 日分离自宿主无齿蚌（*Anodonta* sp.）的鳃丝和外套腔，宿主采购于福州永乐县漳港市场，产于永乐县养殖池塘。

标本保藏 1 张凭证标本片保存于中国科学院海洋生物标本馆（编号：ZZF-20100513-3）。

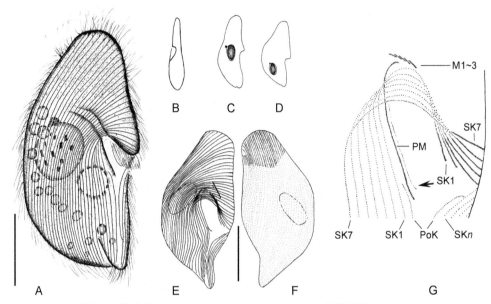

图 82 薄片贝虱虫 Conchophthirus lamellidens（仿詹子锋，2012）
A. 活体右侧观；B. 腹面观；C 和 D. 细胞核的不同位置；E 和 F. 纤毛图式右侧观（E）和左侧观（F）；G. 口纤毛器及口区附近体纤毛器结构；M1～3. 小膜 1～3；PoK. 口后体动基列；PM. 口侧膜；SK1、7、n. 第 1、第 7 和第 n 列体动基列（比例尺：30 μm）

（十九）斜头虫科 Loxocephalidae Jankowski, 1964

Loxocephalidae Jankowski, 1964, Acta Protozool., 2: 33-58

虫体很小至很大，长卵圆形至棒状，部分类群前端具有裸毛区。体动基列前端具有显著的横向排列的毛基体单元。口区狭小，通常位于体前端，口纤毛器结构为"四膜虫样"；口腔壁具口肋支撑。

该科全球记载 8 属，中国记录 4 属。

属检索表

1. 虫体长棒状···2
   虫体卵圆形至椭球形或肾形··3
2. 具有明显的口前缝合线··心口虫属 Cardiostomatella
   不具有明显的口前缝合线··拟四膜虫属 Paratetrahymena
3. 虫体肾形，盾片多列··类右毛虫属 Dexiotrichides
   虫体卵形，盾片不成多列···右毛虫属 Dexiotricha

38. 心口虫属 *Cardiostomatella* Corliss, 1960

Cardiostomatella Corliss, 1960, J. Protozool., 7: 269-278. **模式种**: *Cardiostomatella vermiformis* (Kahl, 1928) Aescht, 2001

形态 虫体较大，长柱状。胞口位于小而不明显的口腔内，位于虫体前部；口区小膜由 3 片宽而短的复动基列构成；口侧膜明显弯曲呈"C"形。体纤毛密布，口前缝合线明显；具口后体动基列；尾纤毛 1 至数根。大核 1 至数十枚。

种类及分布 全球记载 4 种，中国记录 1 种。

（83）蠕状心口虫 *Cardiostomatella vermiformis* (Kahl, 1928) Aescht, 2001（图 83）

Cardiostoma vermiforme Kahl, 1928, Arch. Hydrobiol., 19: 50-123
Cardiostomatella vermiformis (Kahl, 1928) Aescht, 2001, Denisia, 1: 1-350

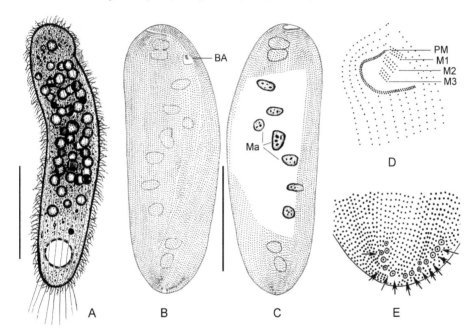

图 83　蠕状心口虫 *Cardiostomatella vermiformis*（仿 Wang et al., 2007）
A. 活体腹面观；B 和 C. 纤毛图式腹面观（B）和背面观（C）；D. 口区结构；E. 尾部，箭头示尾纤毛的毛基体及其周围的银线；BA. 口区；Ma. 大核；M1~3. 小膜 1~3；PM. 口侧膜（比例尺：100 μm）

形态 活体大小（240~320）μm ×（40~80）μm，长棒状，前端钝圆，尾端逐渐变细。虫体柔软、易弯曲，无收缩性。射出体棒状，紧密排列在表膜下，长约 5 μm。口区位于体前 1/10 处，狭小近圆形。胞质常含大量食物泡，直径 10~15 μm；另含有数量极多的内质颗粒（大小为 4 μm × 1.5 μm），使虫体前端呈黑灰色。7~16 枚大核，椭球形，直径约 11 μm；1~5 枚小核位于大核附近。1 枚伸缩泡位于虫体尾部。体纤毛长约 5 μm；尾纤毛 10~15 根，长约 20 μm；尾纤毛的毛基体周围有圆形银线围绕。

运动方式为快速游动，伴随绕虫体纵轴旋转，有时在基底前后滑动。

96～130 列体动基列，前端以 1 个双动基系起始，后面为单动基系；口前缝合线由口区延伸至虫体背面。3～6 列口后体动基列，终止于口后缝合线。

口区 3 片小膜等长，均含 3 列毛基体，每列 7～9 个毛基体。口侧膜位于口区的右边缘，由大约 50 对毛基体组成。

标本采集　2004 年 11 月采集于山东青岛潮间带沙滩，水温约 20℃，盐度约 29‰。

标本保藏　2 张凭证标本片分别保存于英国自然历史博物馆（编号：2005：24：15）和中国海洋大学原生动物学研究室（编号：WYG-20041105-02）。

39. 拟四膜虫属 *Paratetrahymena* Thompson, 1963

Paratetrahymena Thompson, 1963, Virginia J. Sci., 14: 126-135. **模式种**: *Paratetrahymena wassi* Thompson, 1963

形态　虫体瘦长，棒状。口区极小，位于虫体亚顶端。顶部具有裸毛区，口前无明显缝合线。口侧膜轻微弯曲，口区小膜规则，倾斜排列；无盾片。第 1 及第 *n* 列体动基列前端毛基体紧密排列，其他体动基列前端含 2 对双动基系；具若干列口后体动基列。1 根尾纤毛。

种类及分布　该属全球记载 2 种，在中国发现 2 种。

种检索表

1. 小膜 2 含 2 列毛基体 ··· 拟瓦氏拟四膜虫 *P. parawassi*
   小膜 2 含 3 列毛基体 ·· 拟瓦氏拟四膜虫 *P. wassi*

（84）拟瓦氏拟四膜虫 *Paratetrahymena parawassi* Zhang, Fan, Clamp, Al-Rasheid & Song, 2010（图 84）

Paratetrahymena parawassi Zhang, Fan, Clamp, Al-Rasheid & Song, 2010, J. Eukaryot. Microbiol., 57: 483-493

形态　活体大小（45～85）μm ×（18～30）μm，长宽比为 2.5∶1～3∶1。虫体柔软，体形可变，腹面观通常呈长椭圆形；背腹扁平，宽厚比约为 3∶2。射出体细棒状，长约 2 μm，位于体动基列间。口区较小，位于虫体前 1/10 处。胞质常有许多食物颗粒（大小 3 μm × 1 μm），聚集于虫体前端，使虫体前端明显呈黑色。大核位于体中部，卵形，大小约 20 μm × 10 μm。1 枚伸缩泡，位于尾端腹面。体纤毛长约 6 μm，全身均匀分布；1 根尾纤毛，长约 20 μm；口纤毛长约 6 μm。

运动方式为游泳时绕虫体纵轴旋转，有时爬行于底部或附着于杂质上。

18～21 列体动基列，每列最前端为 2 个双动基系，其余部分为单动基系。第

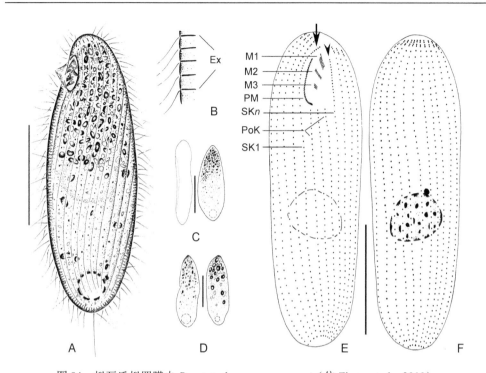

图 84　拟瓦氏拟四膜虫 *Paratetrahymena parawassi*（仿 Zhang et al，2010）
A. 左侧腹面观；B. 皮层局部，示射出体；C 和 D. 侧面观（C 中左图）及不同的体形（C 中右图及 D）；E 和 F. 纤毛图式腹面观（E）和背面观（F），箭头和无尾箭头分别示第 1 和第 *n* 列体动基列前端密集排列的毛基体；Ex. 射出体；M1～3. 小膜 1～3；PM. 口侧膜；PoK. 口后体动基列；SK1、*n*. 第 1 和第 *n* 列体动基列（比例尺：30 μm）

1 和第 *n* 列体动基列前端一些毛基体排列较紧密。第 *n* 列体动基列前端起始位置靠近小膜 1 中部。

口区小膜倾斜于虫体纵轴排列。小膜 1 由 3 列毛基体构成，每列约含 9 个毛基体；小膜 2 与 1 近乎平行，由 2 列毛基体组成，每列含 5～7 个毛基体；小膜 3 较小，由 2 列毛基体构成，每列 2～4 个毛基体。口侧膜弯曲不明显，前端靠近小膜 1 的顶端。

标本采集　2006 年 10 月采集于山东青岛潮间带沙滩，水温约 20℃，盐度约 30‰。

标本保藏　正模标本片保存于英国自然历史博物馆（编号：2007：5：12：1），1 张副模标本片保存于中国海洋大学原生动物学研究室（编号：WYG-20061019）。

（85）瓦氏拟四膜虫 *Paratetrahymena wassi* Thompson, 1963（图 85）

Paratetrahymena wassi Thompson, 1963, Virginia J. Sci., 14: 126-135

形态　虫体大小变化较大，（60～150）μm ×（20～35）μm，体形稳定，长棒状；

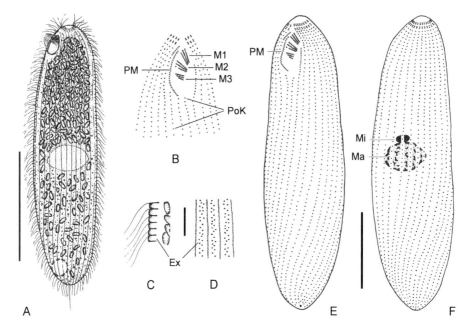

图 85　瓦氏拟四膜虫 *Paratetrahymena wassi*（仿 Li et al., 2009）
A. 左侧腹面观；B. 口区结构；C 和 D. 射出体侧面观（C）和顶面观（D）；E 和 F. 纤毛图式腹面观（E）和背面观（F）；Ex. 射出体；Ma. 大核；Mi. 小核；M1～3. 小膜 1～3；PM. 口侧膜；PoK. 口后体动基列
（比例尺：A = 50 μm, C 和 D = 5 μm, E 和 F = 20 μm）

前后两端钝圆，背腹略扁平，宽厚比约为 3：2。表膜厚实，在体动基列之间形成脊状突起；皮层颗粒细小，位于体动基列之间的表膜下，长约 2 μm。口区较小，梨形，大小为 12 μm × 7 μm。胞质包含大量花生状颗粒[(3～4) μm × (1～2) μm]，通常体前部数量最多。1 枚大核，卵圆形，长 10～12 μm，位于虫体中部；1 枚小核紧邻大核。1 枚伸缩泡位于亚尾端，靠近腹面。体纤毛长约 8 μm；1 根尾纤毛，长 20～25 μm。

运动方式为快速游动，伴随绕虫体纵轴旋转。

27～29 列体动基列，覆盖大部分虫体，在虫体顶部留下一裸毛区。第 1 列体动基列前端起始于小膜 1，前端包含 1 个含 7～9 个毛基体的片段；第 n 列体动基列前端起始于小膜 2，在口区范围内，其毛基体紧密排列。其余体动基列前端含 2 个双动基系，其余为单动基系。2 或 3 列口后体动基列。

3 片口区小膜倾斜排列，每片均含 3 列毛基体。小膜 1 和 2 大小相仿，前端比后端略宽；小膜 3 形状不规则，长度为小膜 1 的 2/3。口侧膜沿口区右侧轻微弯曲，前端起始于小膜 1，由双动基系构成。

标本采集　2004 年 11 月采集于山东青岛潮间带沙滩，水温约 10℃，盐度约 31‰。2007 年 11 月 8 日采集于广东大亚湾近岸水体，水温约 22℃，盐度约 33‰。

标本保藏　2 张凭证标本片保存于华南师范大学原生动物学实验室（编号：LIN-2004115；LWW-071108-09）。

40. 类右毛虫属 *Dexiotrichides* Kahl, 1931

Dexiotrichides Kahl, 1931, Tierwelt Dtl., 21: 181-398. **模式种**: *Dexiotrichides centralis* (Stokes, 1885) Kahl, 1931

形态　虫体侧面观长肾形，横断面为圆形，前端具平截的顶部。口区明显深陷，胞口位于虫体赤道线处。口区小膜横向排列，包含 2 或 3 列毛基体；口侧膜短小，前行仅至小膜 2（或之后）；盾片排成多列。赤道线处体纤毛纵向排列紧密，形成明显环带样结构；单一尾纤毛。

种类及分布　该属全球记载 2 种，在中国青岛沿海发现 1 种。

（86）庞氏类右毛虫 *Dexiotrichides pangi* Song, Ma & Al-Rasheid, 2003（图 86）

Dexiotrichides pangi Song, Ma & Al-Rasheid, 2003, J. Eukaryot. Microbiol., 50: 114-122

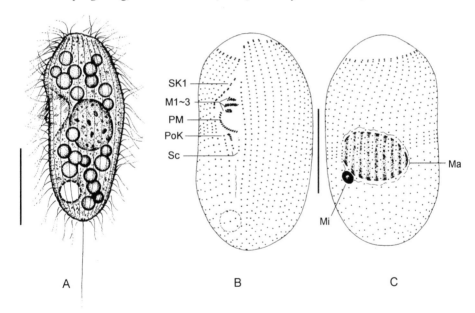

图 86　庞氏类右毛虫 *Dexiotrichides pangi*（仿 Song et al.，2003）
A. 典型个体的左侧腹面观；B 和 C. 纤毛图式腹面观（B）和背面观（C）；Ma. 大核；Mi. 小核；M1～3. 小膜 1～3；PM. 口侧膜；PoK. 口后动基列；Sc. 盾片；SK1. 第 1 列体动基列（比例尺：20 μm）

形态　虫体大小（45～65）μm×（20～25）μm，体形稳定，通常为肾形。虫体在赤道线明显细缩，前端平截且裸毛。表膜厚实，具不明显缺刻，在体动基列间形成纵行的脊；射出体短棒状，长约 3 μm，排列于体动基列之间。口区深陷，侧面观时纤毛几乎不向外伸出。胞口位于口区后部。胞质无色或略呈浅灰色，常包含许多球形食物颗粒（直径 4～5 μm）。大核球形，活体时于虫体中部形成一较清亮的匀质区域；1 枚小核紧邻大核。伸缩泡位于亚尾端，靠近腹面，直径约 6 μm；其开孔靠近第 2 列体动基列末端。体纤毛长约 8 μm；尾纤毛由尾端小的凹陷内发出，长约 25 μm。

运动方式为沿"之"字形轨迹快速游动，或长时间停歇于基质上。

33～38 列体动基列，除了最前端 1 对毛基体外，主要为单动基系。赤道线处体动基列形成环状条带，此处毛基体明显较其他区域密集。第 1 列体动基列前端起始位置较其他更靠后，且包含 1 个由双动基系构成的片段。口左侧约 5 列体动基列前端起始位置较其他体动基列更靠近虫体顶端。1 列口后体动基列。

口区小膜均包含 3 列毛基体，小膜 2 最长，其他 2 片小膜近乎等长。口侧膜前端起始于小膜 3，由双动基系构成。盾片发达，包含 2 或 3 列（通常 3 列）毛基体，其中右侧列前端毛基体为紧密排列的双动基系。

银线系主要包括体动基列内的纵向银线，以及在前后两端连接不同体动基列的半圆或圆形银线。

样本采集　2002 年 4 月 16 日采集自青岛鱼类养殖池塘，水温约 15℃，盐度约 32‰。

标本保藏　正模标本片和数张副模标本片保存于英国自然历史博物馆（编号不详）。

41. 右毛虫属 *Dexiotricha* Stokes, 1885

Dexiotricha Stokes, 1885, Am. J. Sci., 29: 313-328. **模式种**: *Dexiotricha plagia* Stokes, 1855

形态　虫体卵形，前端具裸毛区。口区位于亚顶端，纤毛器包含 3 片倾斜排列的小膜和 1 片轻微弯曲的口侧膜；盾片单列或仅包含数个双动基系。口区右侧部分毛基体常形成横向的行，特定的行与其他行相距较远且具相对僵硬的纤毛。1 至数列口后体动基列。1 根尾纤毛。

种类及分布　全球记载 8 种，淡水或土壤生，在中国上海发现其中 1 种的疑似种。

（87）颗粒右毛虫疑似种 *Dexiotricha* cf. *granulosa* (Kent, 1881) Foissner, Berger & Kohmann, 1994（图 87）

Loxocephalus granulosa Kent, 1881, London: David Bogue: 433-720
Dexiotricha granulosa (Kent, 1881) Foissner, Berger & Kohmann, 1994, Inform.-Ber. Bayer. Landesamt. Wass.-Wirtsch, Heft 1/94: 548

形态　活体大小（50～70）μm ×（15～25）μm，腹面观椭圆形，前端略窄，后端略宽。口区位于亚顶端，小膜纤毛长约 6 μm。胞质无色，包含大量环状颗粒，

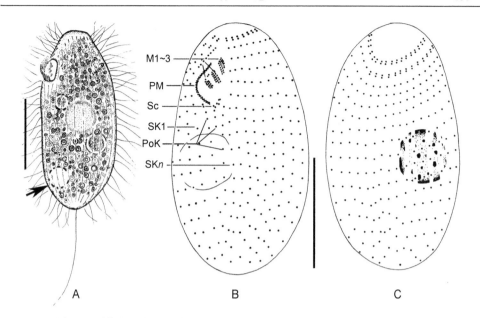

图 87 颗粒右毛虫疑似种 *Dexiotricha* cf. *granulosa*（仿 Fan et al., 2014）
A. 典型个体的左侧腹面观，箭头示伸缩泡；B 和 C. 纤毛图式腹面观（B）背面观（C）；M1~3. 小膜 1~3；PM. 口侧膜；Sc. 盾片；PoK. 口后体动基列；SK1、n. 第 1 和第 n 列体动基列（比例尺：25 μm）

食物泡发现于营养较好个体。1 枚大核，位于体中部，直径约 10 μm。伸缩泡位于尾端，直径约 6 μm；1 个伸缩泡开孔靠近第 2 列体动基列末端。体纤毛长约 8 μm；1 根尾纤毛，长 15~20 μm。

28~30 列体动基列，除了最前端的双动基系，每列体动基列主要由单动基系构成且贯穿至全身。第 1 列体动基列的前 8 个毛基体密集排布。第 n 列体动基列前端较短，由单动基系构成。第 n 列体动基列左侧的约 12 列体动基列，其前端具有 1 个双动基系，其余体动基列前端则具有 2 个双动基系。2~4 列口后体动基列，最右侧 1 列前端包含 1 个双动基系，其余部分为单动基系，盾片后方 1 列仅具有 3~5 个单动基系。

小膜 1 和 2 均含 3 列毛基体，小膜 3 含 2 或 3 列。口侧膜前端起始于小膜 1 和 2 前端之间。盾片由口侧膜末端的 3 个双动基系构成。约 11 条口肋自口侧膜汇聚至胞口。

标本采集 2012 年 6 月采集自上海长风公园一淡水池塘（31°13′30″N, 121°23′56″E）。

标本保藏单位 1 张凭证标本片保存于华东师范大学原生动物学实验室（编号：FXP-S014）。

（二十）映毛虫科 Cinetochilidae Perty, 1852

Cinetochilidae Perty, 1852, Bern: Jent & Reinert: 228

虫体通常很小，腹面观卵形或长椭圆形，通常背腹扁平，外形坚实，常不同程度盔甲化。体动基列排布较稀疏，第 n 列体动基列前部常包含密集排列的多个双动基系。口区占虫体比例较大，位于腹面体中部或亚顶端；具有显著的肋状口腔壁。

该科全球记载 7 属，中国记录 3 属。

属检索表

1. 口区位于虫体中部或偏后半部 ·· 映毛虫属 *Cinetochilum*
   口区位于虫体前半部 ··· 2
2. 虫体表面盔甲化，具棘刺 ·· 伪扁丝虫属 *Pseudoplatynematum*
   虫体表面未盔甲化，不具棘刺 ·· 柔页虫属 *Sathrophilus*

42. 映毛虫属 *Cinetochilum* Perty, 1849

Cinetochilum Perty, 1849, Mitth. Naturf. Gesellsch. Bern, 1849: 17-45. **模式种**: *C. margaritaceum* (Ehrenberg, 1831) Perty, 1849

形态 虫体通常很小，腹面观为不对称的宽卵圆形，背腹略扁平。体纤毛位于表膜的沟槽内，仅在最前端为双动基系。口区位于腹面右侧，近体中部或中后部。3 片口小膜倾斜排列，口侧膜呈 "C" 形，盾片含 1 至多列短的毛基体。单枚伸缩泡。虫体后端明显凹陷，着生数根尾纤毛。

种类及分布 全球记载 6 种，中国发现 1 种。

（88）卵圆映毛虫 *Cinetochilum ovale* Gong & Song, 2008（图 88）

Cinetochilum ovale Gong & Song, 2008, Zootaxa, 1939: 51-57

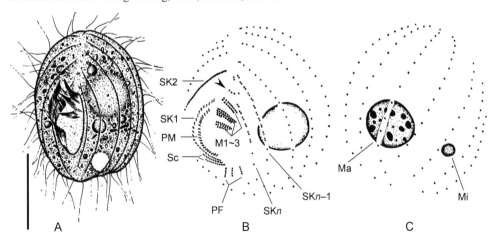

图 88 卵圆映毛虫 *Cinetochilum ovale*（仿 Gong & Song，2008）

A. 活体腹面观；B 和 C. 纤毛图式腹面观（B）和背面观（C）；Ma. 大核；Mi. 小核；M1～3. 小膜 1～3；PF. 口后体动基列片段；PM. 口侧膜；Sc. 盾片；SK1、2、n、n-1. 第 1、第 2、第 n 和第 n-1 列体动基列

（比例尺：10 μm）

形态 虫体大小约 25 μm × 20 μm，腹面观卵圆形，背腹扁平，宽厚比约为 3∶2。表膜硬朗，在体动基列之间形成明显的脊。口区椭圆形，长度占体长的 1/3，位于体中部或中部偏后。胞质透明，具有无数的液滴和小结晶体。1 枚卵圆形大核，直径约 6 μm；1 枚小核，直径约 2 μm。1 枚伸缩泡，位于尾端，直径 2 μm。体纤毛长约 5 μm，无明显较长的尾纤毛。

12 或 13 列体动基列，几乎延伸至虫体前后两端。大部分体动基列主要为单动基系。第 1 列体动基列比口侧膜略长，其双动基系排列紧密，比口侧膜略长；第 2 列体动基列前端毛基体排布极其致密；第 n 列体动基列前端起始于小膜 1，前部包含约 7 个双动基系；第 n-1 列体动基列延伸至口前，前部包含约 12 个双动基系，1 对毛基体总是位于第 n-1 列前端右侧。3 个口后体动基列片段，每个含 3～5 个毛基体。

小膜 1～3 均包含 3 列倾斜排列的毛基体。小膜 1 最前方 1 列毛基体明显远离后方的 2 列，仅含 4 或 5 个排列疏松的毛基体。口侧膜 "C" 形，前端起始于小膜 2，包含 25 对毛基体。盾片包含 2 列毛基体，与第 1 列体动基列末端并行。

标本采集 2003 年 7 月采集于天津渤海海滨潮间带，水温 18℃，盐度 30‰。

标本保藏 正模标本片保存于英国自然历史博物馆（编号：2008：10：9：1），1 张副模标本片保存于华南师范大学原生动物学实验室（编号：G-030714-01）。

43. 伪扁丝虫属 *Pseudoplatynematum* Bock, 1952

Pseudoplatynematum Bock, 1952, Zool. Anz., 149: 107-115. **模式种**: *Pseudoplatynematum loricatum* Bock, 1952

形态 虫体表面盔甲化，通常具刺状突起，背腹扁平。口区位于虫体前部，口器结构似四膜虫；口后具有盾片。具有口后体动基列。单根尾纤毛。

种类及分布 全球记载 4 种，在中国的黄海、渤海近岸共发现 2 种。

种检索表

1. 体后部右侧无刺，19～22 列体动基列 ·················· 邓氏伪扁丝虫 *P. dengi*
   体后部右侧具有刺，17～19 列体动基列 ·················· 具齿伪扁丝虫 *P. denticulatum*

（89）邓氏伪扁丝虫 *Pseudoplatynematum dengi* Fan, Chen, Song, Al-Rasheid & Warren, 2010（图 89）

Pseudoplatynematum dengi Fan, Chen, Song, Al-Rasheid & Warren, 2010, Eur. J. Protistol., 46: 212-220

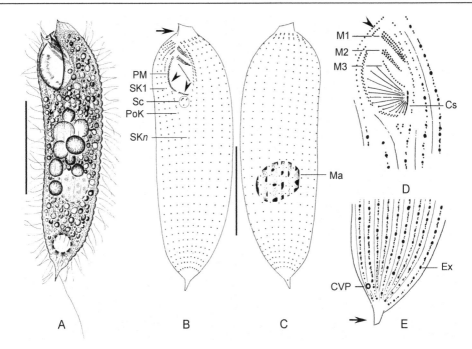

图 89　邓氏伪扁丝虫 *Pseudoplatynematum dengi*（仿 Fan et al., 2010）

A. 活体腹面观；B 和 C. 纤毛图式腹面观（B）和背面观（C），无尾箭头示口侧膜分为两段，箭头示虫体前端的尖刺；D. 口区结构，无尾箭头示第 1 列体动基列前端的毛基体片段；E. 体后部，示条索状银线系，箭头示尾端的尖刺；Cs. 胞口；CVP. 伸缩泡开孔；Ex. 射出体；Ma. 大核；M1~3. 小膜 1~3；PoK. 口后体动基列；PM. 口侧膜；Sc. 盾片；SK1、n. 第 1 和第 n 列体动基列（比例尺：A = 30 μm，B 和 C = 25 μm）

形态　活体大小通常为 70 μm × 20 μm，虫体瘦长并在前部向右侧略微弯曲；背腹扁平，宽厚比约为 2∶1。虫体表面明显盔甲化且凹凸不平，纵向的表膜隆起分布于体动基列之间。口区凹陷，约占体长 1/5。虫体恒具有 3 个棘刺：1 个方形刺位于虫体前部，1 个菱形刺位于虫体尾端，1 个牛角形刺位于口区右前部边缘。胞质透明，含有大量的结晶颗粒。1 枚大核，约 9 μm × 8 μm。伸缩泡位于尾端，直径约 8 μm，其开孔位于第 1 列体动基列后端。体纤毛长约 6 μm；尾纤毛着生于尾部刺的附近，长 17 μm。

运动方式主要为绕虫体纵轴旋转游泳。

19~22 列体动基列，每列前部通常包含 2 个双动基系。第 1 列体动基列前部的毛基体在口区前部附近形成 1 个毛基体片段。最末 2 列体动基列紧靠口区左侧边缘，且前部由紧密排列的双动基系构成。1 条口后体动基列。

口侧膜由呈"之"字形排列的毛基体组成，并分为两部分。口区小膜倾斜排列，小膜 1 和 2 由 3 列毛基体构成，小膜 3 仅含 1 列。盾片位于口侧膜后方，包含 3 对毛基体。

银线系主要包含位于体动基列之间的条索状银线。12~16 条口肋聚集于胞口。射出体沿体动基列排列。

标本采集 2007年10月16日采集于青岛第一海水浴场潮间带近排污口处的沙滩，水温18℃，盐度25‰。

标本保藏 正模标本片（编号：FXP-20071016-01）和1张副模标本片（编号：FXP-20071016-02）保存于中国海洋大学原生动物学研究室，另1张副模标本片保存于英国自然历史博物馆（编号：2010：2：1：2）。

（90）具齿伪扁丝虫 *Pseudoplatynematum denticulatum* (Kahl, 1933) Fan, Lin, Al-Rasheid, Warren & Song, 2011（图90）

Platynematum denticulatum Kahl, 1933, Leipzig: Akademischa Verlagsgesellschaft: 29-146
Pseudoplatynematum denticulatum (Kahl, 1933) Fan, Lin, Al-Rasheid, Warren & Song, 2011, Acta Protozool., 50: 219-234

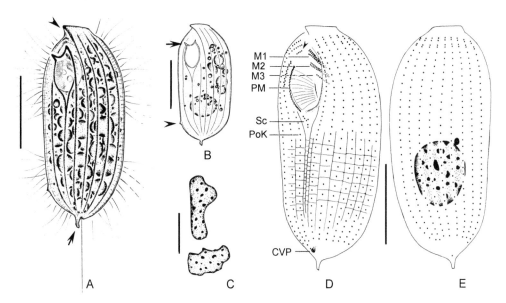

图90 具齿伪扁丝虫 *Pseudoplatynematum denticulatum*（仿 Fan et al., 2011c）
A. 腹面观，箭头和无尾箭头分别示体后端、体前端的尖刺；B. 腹面观，箭头和无尾箭头分别示口区右侧和体右边缘的尖刺；C. 示大核的形状；D 和 E. 纤毛图式腹面观（D）和背面观（E），D 中无尾箭头示第1列体动基列前端的毛基体片段；CVP. 伸缩泡开孔；M1～3. 小膜1～3；PM. 口侧膜；PoK. 口后体动基列；Sc. 盾片（比例尺：20 μm）

形态 活体大小通常50 μm × 18 μm，腹面观长椭圆形，背腹扁平，宽厚比约为2：1。虫体表面盔甲化并具有纵向隆起的脊。射出体细小，在体动基列之间靠近脊状隆起处成列分布。口区深陷，其长度约为体长的1/4。恒具有4枚刺：1枚位于虫体最前端，腹面观方形；尾端1枚，呈菱形；体右侧后端及口区右上方各有1枚角形刺。胞质透明无色，含有大量的结晶体。1枚近球形大核（少数个体大核形状不规则），约 12 μm×9 μm。伸缩泡位于尾端，直径约 8 μm。体纤毛长约 6 μm，体中部纤毛活体时不易观察到。

运动方式为适度快速游泳，并伴随绕虫体纵轴旋转。

17~19 列体动基列，多数前端具有 2 个双动基系。第 1 列体动基列前端毛基体与后面部分远离，形成 1 个片段；口区范围内的毛基体则紧密排列成"之"字形。第 n 列体动基列前端起始位置较其他动基列靠后，且包含 7 或 8 个双动基系。1 条口后体动基列。

小膜 1 含 3 列毛基体，小膜 2 含 2 列，小膜 3 含 1 列。口侧膜前端始于小膜 1 和 2 之间。盾片由 3 对毛基体组成，位于口区后部、口后体动基列和第 n 列体动基列之间。

标本采集 2009 年 4 月 29 日采集于青岛第一海水浴场潮间带沙滩，水温约 19℃，盐度约 32‰。

标本保藏 2 张凭证标本片保存于中国海洋大学原生动物学研究室（编号：FXP-20090429-01-01；FXP-20090429-01-02）。

44. 柔页虫属 *Sathrophilus* Corliss, 1960

Sathrophilus Corliss, 1960, J. Protozool., 7: 269-278. **模式种**: *Sathrophilus agitatus* Stokes, 1887

形态 虫体背腹扁平，腹面观长椭圆形，顶端通常有裸毛区。口区位于亚前端或近中部，口器构造与四膜虫相似，但小膜 1 第一列的毛基体数量常明显多于其他列，且口侧膜常弯曲不明显；口后具有盾片。具有口后体动基列；尾端具 1 根长尾纤毛。

种类及分布 全球记载 16 种，在中国的黄海、渤海近岸发现 2 种。

种检索表

1. 小膜 1 第 1 列毛基体较长，可达第 n–4 列体动基列 ·················· 扁柔页虫 *S. planus*
   小膜 1 第 1 列毛基体较短，止于第 n–1 列体动基列 ·················· 侯氏柔页虫 *S. holtae*

（91）扁柔页虫 *Sathrophilus planus* Fan, Chen, Song, Al-Rasheid & Warren, 2010（图 91）

Sathrophilus planus Fan, Chen, Song, AL-Rasheid & Warren, 2010, Eur. J. Protistol., 46: 212-220

形态 虫体大小通常为 60 μm×20 μm，恒为长椭圆形，长宽比为 3∶1；背腹显著扁平，宽厚比约为 3∶1。表膜锯齿状凹凸；射出体长棒状，长约 5 μm，位于毛基体之间。口区位于体中部偏右侧，小膜 1 处表膜裂开豁口以容纳极长的小膜 1 第 1 列毛基体。胞质透明无色，常在前部分布有大量的颗粒。大核椭圆球

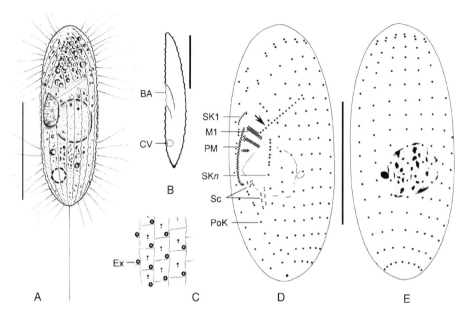

图91 扁柔页虫 *Sathrophilus planus*（仿 Fan et al., 2010）

A. 活体腹面观；B. 活体侧面观；C. 局部银线系；D 和 E. 纤毛图式腹面观（D）和背面观（E），D 中箭头示小膜 1 的第 1 列毛基体极长；BA. 口区；CV. 伸缩泡；Ex. 射出体；M1. 小膜 1；PM. 口侧膜；PoK. 口后体动基列；Sc. 盾片；SK1, n. 第 1 和第 n 列体动基列（比例尺：A 和 B = 30 μm，D 和 E = 40 μm）

形，位于虫体中部，1枚小核位于大核附近。1枚伸缩泡，位于亚尾端，舒张时直径约 5 μm。体纤毛约 10 μm 长，均匀分布，虫体静止时，体中部的纤毛倒伏，贴于体表，而其他部位的纤毛则乍起；1 根长尾纤毛，长约 30 μm；口纤毛长约 6 μm。

运动方式为绕虫体纵轴旋转游泳或爬行于基质上，时常贴于培养皿底部保持长时间静止。

16～18 列体动基列，大部分体动基列前端为 1 个双动基系，其他部分为单动基系。毛基体分布较稀疏。第 n 列体动基列约含 14 个动基系。第 1 列前部的大约 10 个毛基体紧密排列组成 1 个片段；第 n 列体动基列前部开始于小膜 1 处，且前部包含 4 对毛基体。1 列口后体动基列。

小膜 1 由 3 列毛基体组成，第 1 列极长，较其余 2 列多出约 14 个毛基体，可延伸至第 $n-4$ 列体动基列处；小膜 2 含 2 列毛基体，与小膜 1 平行；小膜 3 短小，含 2 或 3 列毛基体。口侧膜前端起始于小膜 1 和 2 之间，仅在末端轻微弯曲。盾片包含约 20 个毛基体并分成 2 组。

标本采集 2008 年 10 月 30 日采集于青岛第一海水浴场潮间带沙滩，水温约 17℃，盐度约 29‰。

标本保藏 正模标本片保存于中国海洋大学原生动物学研究室（编号：FXP-20081030-01）。

(92) 侯氏柔页虫 *Sathrophilus holtae* Long, Song, Warren, Al-Rasheid & Chen, 2007 (图 92)

Sathrophilus holtae Long, Song, Warren, Al-Rasheid & Chen, 2007, Acta Protozool., 46: 229-245

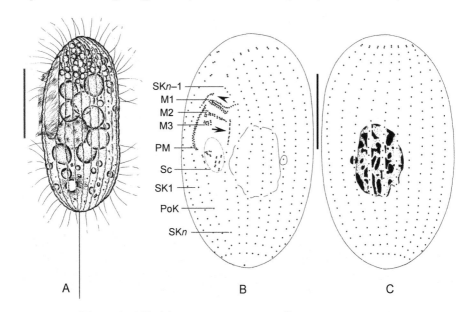

图 92 侯氏柔页虫 *Sathrophilus holtae*(仿 Long et al., 2007a)
A. 活体左侧观; B 和 C. 纤毛图式腹面观(B)和背面观(C), B 中无尾箭头示第 1 列体动基列前端的毛基体片段, 箭头示第 n 列体动基列前端的双动基系片段; M1~3. 小膜 1~3; PM. 口侧膜; PoK. 口后体动基列; Sc. 盾片; SK1、n–1. 第 1、第 n–1 和第 n 列体动基列(比例尺: A = 20 μm, B 和 C = 15 μm)

形态 活体大小变化较大,(65~100)μm×(25~40)μm, 体形稳定, 长棒状, 背腹略扁平, 腹面观长椭圆形。表膜硬朗, 锯齿状凹凸; 射出体粗大, 大小约 3 μm × 1 μm。口区位于体长前 2/5 处、体中线偏左。胞质中常分布大量的球形颗粒(直径<6 μm)。伸缩泡靠近尾端, 舒张后直径约 12 μm; 伸缩泡开孔位于第 1 列体动基列末端。大核卵形, 位于体中部, 伴随 1 枚小核。体纤毛长约 7 μm, 在体中部不易观察到; 1 根尾纤毛, 长约 30 μm; 口区小膜纤毛长 5~9 μm。

运动方式为游动时伴随绕虫体纵轴旋转, 偶尔停歇于基质上。

18~23 列体动基列, 大部分体动基列前端具有 1 个双动基系, 其余部分皆为单动基系。第 1 列体动基列前端 11~15 个毛基体与后部脱离。第 n 列体动基列前端形成 1 个包含 4~7 个双动基系的片段。

小膜 1 含 3 列毛基体, 第 1 列末端向上弯曲与另外 2 列轻微分离; 小膜 2 和 3 亦含 3 列。口侧膜前端起始于小膜 1 和 2 之间。盾片包含 10~20 个毛基体, 常于口后分为 2 组。

标本采集　2003 年 7 月 14 采集于天津沿海潮间带沙滩，水温约 18℃，盐度约 30‰。2007 年 10 月 24 日采集于青岛石老人海水浴场潮间带近排污口处沙滩，水温约 19℃，盐度约 28‰。

标本保藏　正模标本片保存于英国自然历史博物馆（编号：2007：5：12：1），1 张副模标本片保存于中国海洋大学原生动物学研究室（编号为：LHA-20060512-01-2）。

咽膜亚纲 Peniculia Fauré-Fremiet in Corliss, 1956

四、咽膜目 Peniculida Fauré-Fremiet in Corliss, 1956

虫体一般中等大小、卵形。纤毛遍布虫体，排列紧密，体动基列常由双动基系构成。口纤毛器由与虫体纵轴平行的复动基系构成。通常具有刺丝泡。

该目全球记载 7 科，中国记录 4 科。

科检索表

1. 口区小膜为 1 片 ·· 舟形虫科 Lembadionidae
   口区小膜为 3 片 ·· 2
2. 具有明显的口沟 ·· 草履虫科 Parameciidae
   不具有口沟 ·· 3
3. 体纤毛排成纵列，无明显裸毛区 ·· 前口虫科 Frontoniidae
   体纤毛排成纵列及横列，背面后端有裸毛区 ····························· 锥膜虫科 Stokesiidae

（二十一）舟形虫科 Lembadionidae Jankowski in Corliss, 1979

Lembadionidae Jankowski in Corliss, 1979, London & New York: Pergamon Press: 455

虫体很小至中等大小，长椭圆形。口区十分阔大，几乎占据整个腹面；口区小膜仅 1 片，包含多列毛基体。体动基列为混合动基系；尾纤毛长，聚成一丛。

该科全球记录 1 属，中国记录 1 属。

45. 舟形虫属 *Lembadion* Perty, 1849

Lembadion Perty, 1849, Mitth. Naturf. Gesellsch. Bern., 1849: 17-45. **模式种**: *Lembadion bullinum* (Müller, 1786) Perty, 1849

形态　同科的特征

种类及分布　该属全球记载 7 种，中国记录 1 种

（93）光明舟形虫 *Lembadion lucens* (Maskell, 1887) Kahl, 1931（图 93）

Thurophora lucens Maskell, 1887, Trans. Proc. N. Z. Inst., 20: 3-19
Lembadion lucens (Maskell, 1887) Kahl, 1931, Tierwelt Dtl., 21: 181-398

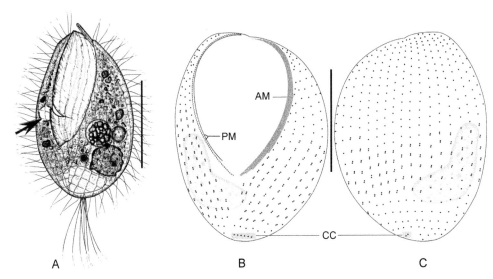

图 93　光明舟形虫 *Lembadion lucens*（仿 Liu et al.，2017）（彩图请扫封底二维码）
A. 活体腹面观，箭头示伸缩泡；B 和 C. 纤毛图式腹面观（B）和背面观（C）；AM. 口区小膜；CC. 尾纤毛基体；PM. 口侧膜（比例尺：30 μm）

形态　虫体大小（45～70）μm ×（20～40）μm，长宽比为 3：2～2：1，体形较稳定，卵圆形至长椭圆形；前部稍收窄，并具一突起，后部钝圆。腹面深凹，背部显著隆起。口区极宽大，（30～45）μm ×（20～35）μm，长度为体长的 3/4～4/5。1 枚肾形或"L"形大核，位于虫体后半部偏右侧，大小（15～30）μm ×（5～15）μm；1 枚球形小核紧邻大核，直径约 2.5 μm。1 枚伸缩泡，位于虫体赤道线处右边缘近背面，舒张后直径约 7 μm。体纤毛长约 8 μm，尾纤毛长约 20 μm；口纤毛长约 20 μm。

运动方式为持续游动，伴随绕虫体纵轴旋转。

25～30 列体动基列，纵贯全身。各列体动基列由中部的双动基系和两端的单动基系组成。背侧中间的体动基列含 21～27 个动基系，其中 4～6 个为双动基系。双动基系的数量从中间体动基列向左右两侧的体动基列逐渐增至 8～12 个。第 1 列体动基列含 14～23 个动基系。尾纤毛基体于虫体尾端排列为 2 排：背侧 1 排含 5 或 6 个毛基体，腹侧 1 排含 2 或 3 个毛基体。

口区小膜由 7 列紧密排列的毛基体组成，内侧的 3 列近乎等长，外侧各列毛基体长度逐渐缩短。口侧膜包含 2 列毛基体，外侧列毛基体呈"之"字形排列，内侧列由单动基系组成且稍短于外侧列。在口区后方，第 1 列体动基列与第 *n* 列体动基列之间形成了一小的裸毛区。第 *n* 列体动基列后端右侧有额外的 2

对毛基体。

样本采集 2013年10月24日采集于广东湛江湖光岩淡水湖（21°08′38″N，110°16′20″E），水温25℃，盐度0。

标本保藏 2张凭证标本片保存于中国海洋大学原生动物学研究室（编号：QZS-20131024-08；LXT-20131024-07）。

（二十二）草履虫科 Parameciidae Dujardin, 1840

Parameciidae Dujardin, 1840, Comp. Rend. Acad. Sci. Paris, 11: 281-286

虫体中等大小，长椭球形，前后两端钝圆或略尖。具有明显狭长的口沟；口腔位于体前1/2或赤道线处；位于口腔后壁的小膜（咽膜3）含4列疏松排布的毛基体，称为四分膜。

该科包含2属，中国记录1属。

46. 草履虫属 *Paramecium* Müller, 1773

Paramecium Müller, 1773, Havniae et Lipsiae: Heineck et Faber: 135. **模式种**: *Paramecium aurelia* Müller, 1773

形态 虫体雪茄形或鞋形。口沟由体前左侧延伸至体中部偏右侧。口纤毛器包括口侧膜、2片咽膜和1片四分膜；2片咽膜位于口腔左壁，各含4列紧密排列的毛基体，四分膜位于口腔后壁，其4列毛基体排列相对疏松。小核1至数枚，伸缩泡2至多枚，二者在不同物种间具有类型的分化。

种类及分布 该属全球分布，多见于淡水，少数海洋生活；已知19种，在中国报道1种。

（94）杜氏草履虫 *Paramecium duboscqui* Chatton & Brachon, 1933（图94）

Paramecium duboscqui Chatton & Brachon, 1933, C. R. Soc. Biol., 114: 988-991

形态 虫体长80～150 μm，尾端钝圆，前端向腹面扭转，饥饿时侧面观肾形。口沟稍宽，倾斜于虫体纵轴。体纤毛密布全身，体末端具有3或4根尾纤毛。1枚大核，椭球形；小核多为2枚，长纺锤形，蛋白银染色后大小约10 μm × 3 μm。2枚伸缩泡，囊泡型，即主泡被诸多起到收集管作用的小囊泡围绕；在舒张期，支撑伸缩泡的微管明显可见。每枚伸缩泡各有1个位于背面的开孔。

运动方式与大部分草履虫不同，为绕虫体纵轴顺时针旋转，螺旋前进。

口腔浅，位于体1/2处或稍微靠前。口侧膜位于口腔边缘右侧，含单动基系或呈"之"字形排列的双动基系。2片咽膜位于口腔左壁，各包含4列紧密排布的毛基体；四分膜靠近口腔后壁，基体列在前段明显分开，后端紧密且向右腹侧轻微弯曲。

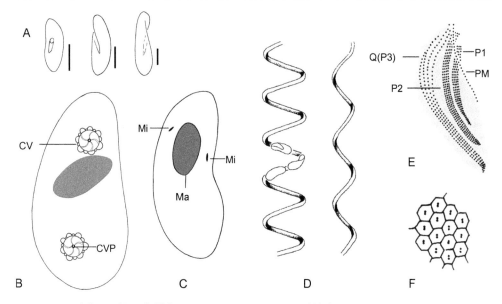

图 94 杜氏草履虫 *Paramecium duboscqui*（重绘自 Shi et al., 1997）
A. 不同个体活体体形；B. 示活体时伸缩泡及其开孔的形态与位置；C. 示蛋白银染色后的大、小核；D. 示虫体运动方式和两种不同的运动轨迹；E. 口纤毛器；F. 银线系网格；CV. 伸缩泡；CVP. 伸缩泡开孔；Ma. 大核；Mi. 小核；P1、2. 咽膜1和2；Q（P3）. 四分膜（咽膜3）；PM. 口侧膜（比例尺：40 μm）

银线系主要为六边形网格，在口前缝合线左侧为长菱形网格，而在口后缝合线两侧为四边形网格。胞肛占据口后缝合线的后半部分。

标本采集 1974 年采集于黑龙江哈尔滨马家沟河，盐度 0。

标本保藏 不详。

（二十三）前口虫科 Frontoniidae Kahl, 1926

Frontoniidae Kahl, 1926, Arch. Protistenk., 55: 197-438

虫体中等大小至很大。口区位于亚顶端，口纤毛器含 1 片口侧膜和 3 片典型的复动基系小膜，具有显著的咽微纤丝，口区右侧具有数列眉宇动基列。体纤毛纵向排列，无明显裸毛区。

该科全球记载 6 属，中国记录 1 属。

47. 前口虫属 *Frontonia* Ehrenberg, 1838

Frontonia Ehrenberg, 1838, Leipzig: Leopold Voss: 547. **模式种**: *Frontonia leucas* Ehrenberg, 1838

形态 虫体腹面观长椭圆形，背腹略扁平。口区位于体前部、腹面中线偏右侧，口腔较浅。体纤毛汇聚处形成口前和口后缝合线，其中口后缝合线左侧具后体动基列。

种类及分布 全球已知 40 余种，海水、淡水及土壤中分布，在中国记录 17 种。

种检索表

1. 口区约占体长 1/3 ·· 尖前口虫 *F. acuminata*
   口区占体长小于 1/3 ·· 2
2. 2 枚大核 ··· 3
   4 枚大核 ·· 多核前口虫 *F. multinucleata*
3. 虫体长通常大于 300 μm ·· 4
   虫体长 300 μm 左右或小于 300 μm ··· 5
4. 体动基列数大于 150 列 ··· 6
   体动基列数约为 50 列 ·· 孟氏前口虫 *F. mengi*
5. 具色素斑 ·· 眼点前口虫 *F. ocularis*
   不具色素斑 ··· 7
6. 3 列眉宇动基列 ·· 拟巨大前口虫 *F. paramagna*
   5 或 6 列眉宇动基列 ·· 巨大前口虫 *F. magna*
7. 2 枚伸缩泡 ··· 8
   1 枚伸缩泡 ··· 9
8. 咽膜 3 含 3 列毛基体 ·· 优雅前口虫 *F. elegans*
   咽膜 3 含 2 列毛基体 ·· 小前口虫 *F. pusilla*
9. 5 或多于 5 列眉宇动基列 ·· 10
   少于 5 列眉宇动基列 ·· 11
10. 咽膜 3 含 4 列毛基体 ·· 亚热带前口虫 *F. subtropica*
    咽膜 3 含 2 列毛基体 ·· 中华前口虫 *F. sinica*
11. 咽膜 3 含 5 列毛基体 ·· 林氏前口虫 *F. lynni*
    咽膜 3 含少于 5 列毛基体 ·· 12
12. 体动基列数多于 100 列 ·· 13
    体动基列数少于 100 列 ·· 14
13. 海洋生，无收集管 ·· 特氏前口虫 *F. tchibisovae*
    淡水生，约 10 条收集管 ·· 史氏前口虫 *F. shii*
14. 咽膜 3 含 2 列毛基体 ·· 15
    咽膜 3 含 3 或 4 列毛基体 ··· 16
15. 虫体长宽比为 4∶1～5∶1 ·· 广东前口虫 *F. guangdongensis*
    虫体长宽比约为 2∶1 ·· 塞弗前口虫 *F. schaefferi*
16. 咽膜 3 含 3 列毛基体 ·· 迪氏前口虫 *F. didieri*
    咽膜 3 含 4 列毛基体 ·· 加拿大前口虫 *F. canadensis*

（95）尖前口虫 *Frontonia acuminata* (Ehrenberg, 1833) Bütschli, 1889（图 95）

Ophryoglena acuminata Ehrenberg, 1833, Abh. Akad. Wiss. Berlin, 1833: 145-336
Frontonia acuminata (Ehrenberg, 1833) Bütschli, 1889, Leipzig: C. F. Winter: 1098-2035

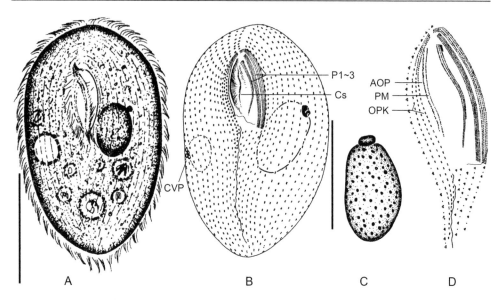

图 95 尖前口虫 *Frontonia acuminata*（仿宋微波，1994）
A. 活体腹面观；B. 纤毛图式腹面观；C. 核器；D. 发生初期的口区结构；AOP. 前仔虫口原基；Cs. 胞口；CVP. 伸缩泡开孔；OPK. 眉宇动基列；P1～3. 咽膜1～3（比例尺：40 μm）

形态 活体大小（70～90）μm ×（45～60）μm，腹面观卵圆形，背腹扁平。表膜较厚，其下有密集排列的刺丝泡。口区位于腹面前 1/3 处，长 25～30 μm。胞质无色，常因内含物而呈淡灰色，食物泡大小不等，主要内含物为硅藻、鞭毛虫及小型纤毛虫和壳变形虫类。大核椭球形，位于体中部，小核紧邻大核，不易观察到。1 枚伸缩泡，位于右侧近体中部，约与口区后缘等高，具有 3 或 4 个开孔。胞肛为狭长的沟缝，位于腹面胞口后方，一直延伸至虫体后端。

45～50 列体动基列，其中包含 4 或 5 列口后体动基列，均为双动基系构造。

咽膜 1 和 2 各由 4 列毛基体构成，咽膜 1 前端向右弯折；咽膜 3 前端也含 4 列毛基体，但由前至后渐变为单列。口侧膜含 2 列毛基体，向前延伸不至口最顶端。口区右侧具有 3 列眉宇动基列。

银线系为典型咽膜类结构：每对毛基体均由六角形网格所围，网格相互镶嵌，1 对毛基体与夹于其间的侧体囊构成三角形基本单位，毛基体对之间为刺丝泡。

标本采集 采集自青岛海洋大学校内花圃表层 2 cm 土壤。

标本保藏 不详。

（96）多核前口虫 *Frontonia multinucleata* Long, Song, Al-Rasheid, Wang, Yi, Al-Quraishy, Lin & Al-Farraj, 2008（图 96）

Frontonia multinucleata Long, Song, Al-Rasheid, Wang, Yi, Al-Quraishy, Lin & Al-Farraj, 2008, Zootaxa, 1687: 35-50

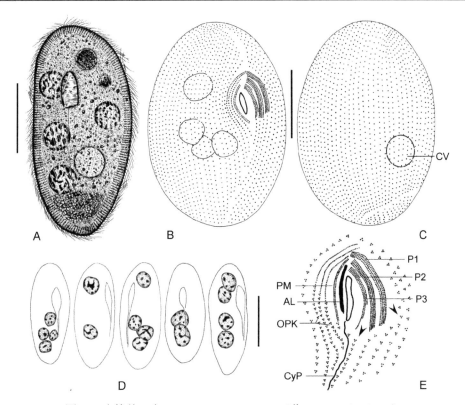

图96 多核前口虫 Frontonia multinucleata（仿 Long et al., 2008）
A. 活体腹面观；B 和 C. 纤毛图式腹面观（B）和背面观（C）；D. 腹面观，示大核的数目和位置；E. 口区结构，无尾箭头示口后体动基列；AL. 嗜银线；CV. 伸缩泡；CyP. 胞肛；OPK. 眉宇动基列；PM. 口侧膜；P1~3. 咽膜 1~3（比例尺：30 μm）

形态 活体大小（70~120）μm ×（40~75）μm，体形稳定，腹面观长椭圆形；背腹扁平，宽厚比约为 2∶1。口区近三角形，其长度约占体长的 1/5。胞质浅灰色，常包含众多大食物泡，内含的食物使细胞在低倍镜下呈现黄色不透明斑块。大核 2~4 枚（多数为 4 枚）。伸缩泡位于体后端 1/3 处，近背面，舒张时直径约 15 μm，具有 1 个开孔。刺丝泡在静息状态下长约 8 μm，射出后长 20~25 μm。体纤毛大部分长约 10 μm，位于体后端的略长，约 20 μm。

运动方式为紧贴底质前后滑动或于水中自由游动并伴随绕虫体纵轴旋转。58~67 列体动基列口，后缝合线明显延伸至背部。4 或 5 条口后体动基列。

咽膜 1~3 均包含 4 列毛基体，咽膜 1 前部显著向右弯曲，在咽膜 3 中，4 列毛基体的基体数从右到左明显减少。口侧膜由 2 列毛基体构成，左侧列为单动基系，右侧列为双动基系。口侧膜右侧具有 3 列眉宇动基列。

标本采集 2006 年 6 月 1 日采自山东青岛沿海潮间带沙滩，盐度约 30‰。

标本保藏 正模标本片保存于英国自然历史博物馆（编号：2007：5：17：2），

1张副模标本片保存于中国海洋大学原生动物学研究室(编号：LHA-20060601-01-2)。

(97) 孟氏前口虫 *Frontonia mengi* Fan, Chen, Song, Al-Rasheid & Warren, 2011
（图 97）

Frontonia mengi Fan, Chen, Song, Al-Rasheid & Warren, 2011, Int. J. Syst. Evol. Microbiol., 61: 1476-1486

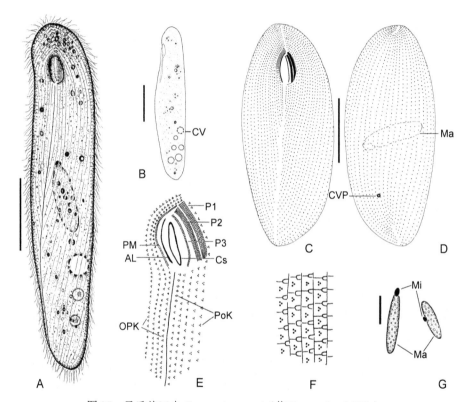

图 97 孟氏前口虫 *Frontonia mengi*（仿 Fan et al., 2011b）

A 和 B. 活体腹面观（A）和侧面观（B）；C 和 D. 纤毛图式腹面观（C）和背面观（D）；E. 口区结构；F. 部分银线系；G. 大核与小核；AL. 嗜银线；Cs. 胞口；CV. 伸缩泡；CVP. 伸缩泡开孔；Ma. 大核；Mi. 小核；OPK. 眉字动基列；PM. 口侧膜；PoK. 口后体动基列；P1~3. 咽膜 1~3（比例尺：A~D = 50 μm，G = 25 μm）

形态 活体大小（200~300）μm ×（40~50）μm，显著细长，长宽比约为 5：1；腹面观体前部向右侧弯曲；背腹略扁平，宽厚比约为 3：2。口区相对较小，不足体长的 1/10，可见两种粗细不同的咽微纤丝。虫体几近无色，胞质包含散布的内质颗粒。体中部、后部常分布大小不等的空泡（或为食物泡）。大核细长，约 45 μm × 10 μm；1 枚小核，紧靠大核。1 枚伸缩泡，直径约 15 μm，位于体后端 1/3 处，开孔于背面。刺丝泡静息时长 5~6 μm，发射后长可达 30 μm。体纤毛长 8~10 μm；尾部体纤毛略长，约 12 μm。

运动方式为紧贴基底快速游动。

48~60 列体动基列，口前、口后缝合线延伸至背部。4 列口后体动基列。

咽膜 1~3 近乎等长，平行排列，咽膜 1 和 2 各由 5 列毛基体组成，咽膜 3 由 2 列组成。口侧膜含 1 列紧密排列的单动基系。4 列眉宇动基列沿口侧膜边缘排列，最左侧 1 列前部紧贴口侧膜。

银线系主要为围绕毛基体的方形网格。

标本采集 2008 年 11 月 18 日采自青岛第一海水浴场潮间带沙滩，水温约 13℃，盐度约 29‰。

标本保藏 正模标本片保存于中国海洋大学原生动物学研究室（编号：FXP-20081108-01），1 张副模标本片保存于英国自然历史博物馆（编号：2010：4：26：1）。

（98）眼点前口虫 *Frontonia ocularis* Bullington, 1939（图 98）

Frontonia ocularis Bullington, 1939, Arch. Protistenk., 92: 10-66

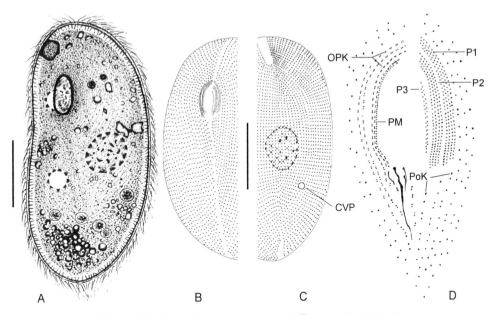

图 98 眼点前口虫 *Frontonia ocularis*（仿 Pan et al., 2013a）

A. 活体腹面观；B 和 C. 纤毛图式腹面观（B）和背面观（C）（局部）；D. 口区结构；CVP. 伸缩泡开孔；OPK. 眉宇动基列；PM. 口侧膜；PoK. 口后体动基列；P1~3. 咽膜 1~3（比例尺：A = 60 μm，B 和 C = 40 μm）

形态 活体大小（115~120）μm ×（50~60）μm，肾形，前端钝圆后端稍尖，长宽比为 2：1~3：1；背腹扁平，宽厚比约为 3：2。口区大小约 20 μm × 10 μm，占体长 15%~20%。胞质浅灰色，在体后端常含大量黑色颗粒、深绿色食物泡和较小的蓝色结晶体。虫体前端近右侧边缘具有棕黑色色素斑。大核椭球形，位于体中部，大小约 25 μm × 15 μm，未观察到小核。2 枚伸缩泡，舒张时直径均为 7～10 μm，分别位于体中线右侧距前端和后端 1/3 处。刺丝泡静息时长约 4 μm，射出后长约 15 μm。大部分体纤毛长约 6 μm；尾纤毛长于其他体纤毛，约 8 μm。

运动方式为适度快速地在底质上穿梭，或在水中沿虫体纵轴顺时针旋转前进。

93～107 列体动基列，于口区前后形成明显的口前和口后缝合线。3 或 4 列口后体动基列。

咽膜 1 和 2 约等长，相互平行且前端微向右弯曲，各由 4 列毛基列组成；咽膜 3 由 2 列等长的毛基体组成。口侧膜含 2 列毛基体。3 列眉宇动基列沿口侧膜延伸至口后缝合线。

标本采集 2008 年 11 月 28 日采自广东珠海红树林湿地，水温约 17℃，盐度约 26‰。

标本保藏 2 张凭证标本片保存于中国海洋大学原生动物学实验室（编号：LWW-081128-01-01，LWW-081128-01-02）。

（99）拟巨大前口虫 *Frontonia paramagna* Chen, Zhao, Pan, Ding, Al-Rasheid & Qiu, 2014（图 99）

Frontonia paramagna Chen, Zhao, Pan, Ding, Al-Rasheid & Qiu, 2014, Zootaxa, 3827: 375-386

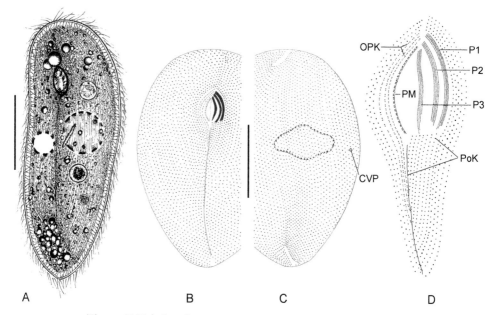

图 99 拟巨大前口虫 *Frontonia paramagna*（Chen et al., 2014）

A. 活体腹面观；B 和 C. 纤毛图式腹面观（B）和背面观（C）（局部）；D. 口区结构；CVP. 伸缩泡开孔；OPK. 眉宇动基列；PM. 口侧膜；PoK. 口后体动基列；P1～3. 咽膜 1～3（比例尺：200 μm）

形态 虫体大小（400～610）μm×（110～160）μm，通常长500～550 μm，长宽比约为3.5：1；两端钝圆，前端稍向右侧弯曲，背腹略扁平。口区小且浅，约占体长的10%。胞质包含众多大小不一的黄褐色食物泡、折光颗粒等。1枚伸缩泡，位于背面偏右侧，舒张时直径约100 μm，具有1个开孔。1枚大核，位于体中部。静息态刺丝泡长约5 μm。体纤毛长约8 μm。

运动方式为贴近基底快速绕圈式游动或绕虫体纵轴旋转游动。

180～200列体动基列。6或7条口后体动基列。

咽膜1～3均包含4列毛基体，在咽膜3中，4列毛基体在后端从右至左渐次缩短。口侧膜具体构成尚不明确。3列眉宇动基列。

标本采集 2010年5月采自哈尔滨一淡水湿地（45°52′02.67″N，126°32′56.23″E），水温约14℃，盐度0。

标本保藏单位 正模标本片（编号：CY-20111229-1）和1张副模标本片（编号：CY-20111229-2）保存于中国海洋大学原生动物学研究室。

（100）巨大前口虫 *Frontonia magna* Fan, Chen, Song, Al-Rasheid & Warren, 2011（图100）

Frontonia magna Fan, Chen, Song, Al-Rasheid & Warren, 2011, Int. J. Syst. Evol. Microbiol., 61: 1476-1486

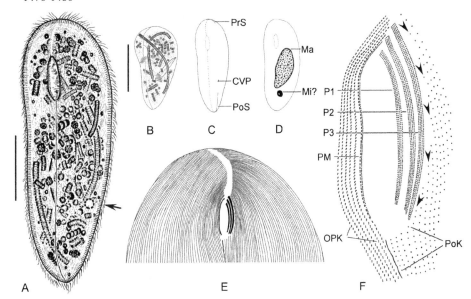

图100 巨大前口虫 *Frontonia magna*（仿 Fan et al., 2011b）

A 和 B. 活体腹面观，示不同的体形，A 中箭头示伸缩泡；C. 背面透视腹面，示口前、口后缝合线及伸缩泡开孔；D. 大核及疑似小核的结构；E. 纤毛图式腹面观的前部；F. 口区结构，无尾箭头示口区左侧前端稍短的体动基列；CVP. 伸缩泡开孔；Ma. 大核；Mi?. 疑似小核；OPK. 眉宇动基列；PM. 口侧膜；PoK. 口后体动基列；PoS. 口后缝合线；PrS. 口前缝合线；P1～3. 咽膜1～3（比例尺：A = 100 μm，B = 250 μm）

形态 活体大小（300～450）μm×（100～200）μm，腹面观长椭圆形，长宽比约为 2∶1，因摄食状态不同，个体间体形变异较大；背腹扁平，宽厚比约为 2∶1。口区狭长，位于体前 1/5 处，约占体长的 15%。胞质无色，但因包含大量藻类呈现棕色或黑色；球形蓝色折光颗粒随机散布于胞质中。大核椭球形，大小 180 μm × 80 μm；小核数不确定，或为 1 枚。1 枚伸缩泡，位于体后 1/3 处，直径 10 μm，在背面表膜上具 2 个开孔。体纤毛长约 10 μm。

运动方式为缓慢游动于杂质间或基底上。

体动基列约 200 列，形成明显的延伸至背部的口前缝合线，其中口区左侧的数列体动基列前端略短。口区后方具有 4 列口后体动基列。

3 片咽膜平行排列，从咽膜 1 至咽膜 3 逐渐缩短，咽膜 1～3 均含 4 列毛基体。口侧膜由 2 列毛基体构成，左侧列为单动基系，右侧列为双动基系且比左侧列稍长。5 或 6 条眉宇动基列。

样本采集 2008 年 4 月 8 日采自深圳红树林泥质滩涂湿地（22°31′31″N，114°00′15″E），水温约 25℃，盐度约 16‰。2008 年 11 月 28 日采自广东珠海红树林湿地，水温约 24℃，盐度约 9‰。

标本保藏 正模标本片保存于中国海洋大学原生动物学研究室（编号：CXR-20080408-03），1 张副模标本片保存于英国自然历史博物馆（编号：NHMUK 2010.4.26.2）。

(101) 优雅前口虫 *Frontonia elegans* Fan, Lin, Liu, Xu, Al-Farraj, Al-Rasheid & Warren, 2013（图 101）

Frontonia elegans Fan, Lin, Liu, Xu, Al-Farraj, Al-Rasheid & Warren, 2013, Eur. J. Protistol., 49: 312-323

形态 虫体大小（75～90）μm×（40～60）μm，椭球形；背腹扁平，宽厚比约为 3∶2。口区大小 20 μm × 10 μm，约占体长的 15%。胞质含有众多蓝色内质颗粒和包含藻类的食物泡。1 枚椭球形大核，大小约 20 μm × 15 μm，小核未观察到。2 枚伸缩泡靠近背面，分别位于体前、体后 1/3 处，舒张时直径 8～10 μm，每枚伸缩泡具有 1 个开孔。刺丝泡静息时长 4～5 μm，射出后长约 15 μm。体纤毛长约 6 μm；在部分个体中可见僵硬的尾纤毛，长约 10 μm。

运动方式为缓慢地爬行于基底上或快速地在水中游动。

69～78 列体动基列，在体前端和口后形成明显的缝合线。口区右侧约 7 列体动基列前端逐渐缩短并靠近咽膜 1。4 列口后体动基列，最右侧 1 列仅包含 3～5 个毛基体。

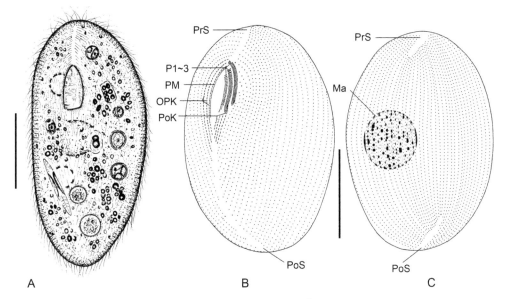

图 101 优雅前口虫 *Frontonia elegans*（仿 Fan et al., 2013）
A. 活体腹面观；B 和 C. 纤毛图式腹面观（B）和背面观（C）；Ma. 大核；OPK. 眉宇动基列；PM. 口侧膜；PoK. 口后体动基列；PoS. 口后缝合线；PrS. 口前缝合线；P1～3. 咽膜1～3（比例尺：40 μm）

咽膜 1 和 2 分别包含 4 列等长的毛基体，咽膜 3 由 3 列毛基体构成。口侧膜很可能由单列毛基体构成。3 列眉宇动基列，最左侧 1 列紧贴口侧膜。

样本采集 2008 年 11 月 28 日采自华南师范大学校园内一对虾养殖池，盐度约 9‰。

标本保藏 正模标本片保存于中国海洋大学原生动物学研究室（编号：LWW-20081128-04-01），1 张副模标本片保存于英国自然历史博物馆（编号：NHMUK 2012.3.14.3）。

（102）小前口虫 *Frontonia pusilla* Fan, Lin, Liu, Xu, Al-Farraj, Al-Rasheid & Warren, 2013（图 102）

Frontonia pusilla Fan, Lin, Liu, Xu, Al-Farraj, Al-Rasheid & Warren, 2013, Eur. J. Protistol., 49: 312-323

形态 活体大小（70～100）μm ×（30～50）μm，腹面观足状，左侧边缘轻微突起；背腹扁平，宽厚比约为 3∶2。口区大小 15 μm × 8 μm。体后端的胞质包含众多深绿色内质颗粒和结晶体。大核位于体中部，椭球形，大小 20 μm × 15 μm。2 枚伸缩泡位于体中线右侧，分别近体前、体后 1/3 处，直径约 8 μm。刺丝泡长 4～5 μm。体纤毛长约 6 μm。

运动方式为缓慢地爬行于基底上或快速地在水中游动。

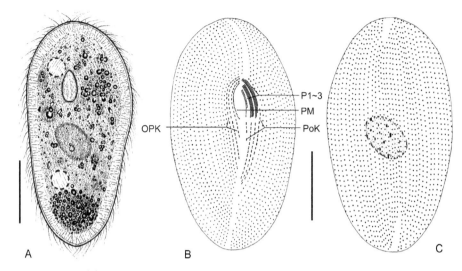

图 102 小前口虫 *Frontonia pusilla*（仿 Fan et al.，2013）
A. 活体腹面观；B 和 C. 纤毛图式腹面观（B）和背面观（C）；OPK. 眉宇动基列；PM. 口侧膜；PoK. 口后体动基列；P1~3. 咽膜 1~3（比例尺：30 μm）

70~77 列体动基列，其中口区左侧 1 列体动基列前端截止于咽膜 1 中部，其他延伸至缝合线。3 列口后体动基列。

咽膜 1 由 4 列毛基体构成，外侧 2 列后端较短；咽膜 2 的 4 列毛基体等长；咽膜 3 由 2 列毛基体构成，左侧列长度为右侧列的 2/3。口侧膜由单列紧密排布的毛基体组成，并紧邻最左侧的眉宇动基列。3 列眉宇动基列。

样本采集 2008 年 11 月 28 日采自广东珠海红树林湿地（23°07′48″N，113°32′24″E），盐度约 25‰。

标本保藏 正模标本片保存于中国海洋大学原生动物学研究室（编号：LWW-20081128-05-01），1 张副模标本片保存于英国自然历史博物馆（编号：NHMUK 2012.3.14.2）。

（103）亚热带前口虫 *Frontonia subtropica* Pan, Gao, Liu, Fan, Warren & Song, 2013
（图 103）

Frontonia subtropica Pan, Gao, Liu, Fan, Warren & Song, 2013, Eur. J. Protistol., 49: 67-77

形态 活体大小（180~230）μm ×（60~80）μm，近椭圆形，前端钝圆而后端稍尖；右侧外廓前端 1/3 处凹陷，左侧稍突；长宽比约为 3∶1~4∶1。口区椭圆形或三角形，占体长 14%~17%。胞质浅灰色，散布大量褐色食物泡和小的结晶颗粒，后端常含大量直径为 10~15 μm 的黑色颗粒。大核椭圆形，位于体中部；小核 1 枚，紧邻大核。单一伸缩泡位于虫体背部左侧后端 1/3 处，直径约 8 μm，收缩周期约为 1 min。刺丝泡纺锤形，射出时长约 25 μm。体纤毛长 8~10 μm。

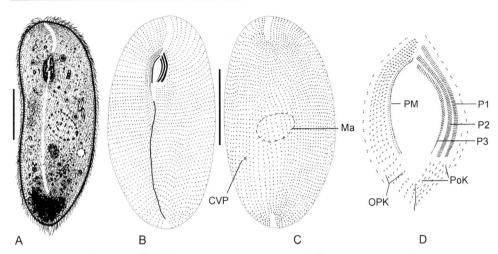

图103 亚热带前口虫 Frontonia subtropica（仿 Pan et al.，2013a）

A. 活体腹面观；B和C. 纤毛图式腹面观（B）和背面观（C）；D. 口区结构；CVP. 伸缩泡开孔；Ma. 大核；OPK. 眉宇动基列；PM. 口侧膜；PoK. 口后体动基列；P1~3. 咽膜1~3（比例尺：A = 70 μm，B和C = 100 μm）

运动方式为绕虫体纵轴顺时针快速旋转前进，间或缓慢穿梭于底质上。

104~114列体动基列。5条口后体动基列。

咽膜1~3几乎等长，各由4列毛基列构成。口侧膜由2列毛基体构成，位于口区右侧，内侧1列由紧密排列的单动基系组成，外侧1列则由排列疏松的双动基系组成。5条眉宇动基列。

标本采集　2008年12月12日采自广东深圳沿海近岸对虾养殖池，水温约16℃，盐度约16‰。

标本保藏　正模标本片（编号：NHMUK 2011.10.20.1）和1张副模标本片（编号：NHMUK 2011.10.20.2）保存于英国自然历史博物馆。

（104）中华前口虫 Frontonia sinica Fan, Lin, Liu, Xu, Al-Farraj, Al-Rasheid & Warren, 2013（图104）

Frontonia sinica Fan, Lin, Liu, Xu, Al-Farraj, Al-Rasheid & Warren, 2013, Eur. J. Protistol., 49: 312-323

形态　活体大小通常150 μm × 90 μm，长宽比约为5∶3，腹面观长椭圆形，后端略尖削；背腹扁平，宽厚比为（1.5~2）∶1。口腔小且浅，长约25 μm，约为体长的15%。胞质浅灰色，常包含众多大的食物泡，内含的食物使细胞在低倍镜下呈现黄色不透明斑块。大核位于体中部，紧邻1枚小核。伸缩泡位于亚尾端近背面，直径8~13 μm，收缩间隔约1 min。刺丝泡在静息状态下为纺锤形，长5~8 μm，射出后呈棒状，一端显著弯曲，长可达25 μm。大部分体纤毛长约10 μm，后端体纤毛长20 μm左右。

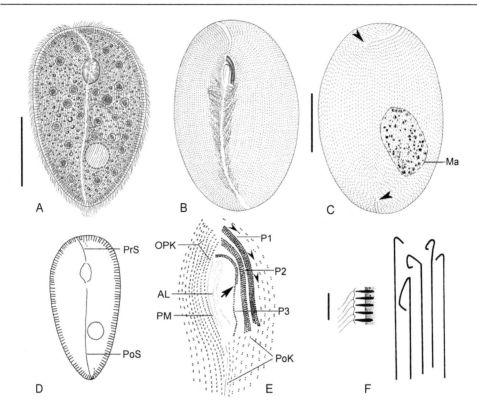

图 104　中华前口虫 *Frontonia sinica*（仿 Fan et al.，2013）

A. 活体腹面观；B 和 C. 纤毛图式腹面观（B）和背面观（C），C 中无尾箭头示延伸至背面的口前、口后缝合线；D. 腹面观，示口前、口后两条缝合线；E. 口区结构，箭头示咽膜 3 的 2 列不等长的毛基体，无尾箭头示口区左侧前端渐次缩短的体动基列；F. 刺丝泡静息状态（左）及发射状态（右）；AL. 嗜银线；Ma. 大核；OPK. 眉宇动基列；PoK. 口后体动基列；PM. 口侧膜；PoS. 口后缝合线；PrS. 口前缝合线；P1~3. 咽膜 1~3（比例尺：A~C = 50 μm，F = 5 μm）

运动方式为紧贴底质旋转或于水中自由游动，对干扰不敏感。

114~118 列体动基列，由双动基系构成。部分体动基列在口前渐次缩短，形成一自口前延伸至背部的口前缝合线，在口区后方，体动基列则形成一条口后缝合线，延伸至背部。咽微纤丝发达易见，沿口后缝合线排列，每根长 10~20 μm。3~5 列口后体动基列。

咽膜 1 和 2 近乎等长，各由 4 列毛基体构成，咽膜 3 前端向右弯曲，含 2 列毛基体，其中左侧列显著短于右侧列。口侧膜由单列毛基体构成，几条嗜银线位于口侧膜左侧。5 或 6 列眉宇动基列，沿口右侧向后延伸至口后缝合线。

标本采集　2002 年 7 月 4 日采自山东青岛近岸对虾养殖海域（36°08′08″N；120°43′15″E），水温约 24℃，盐度约 25‰。2008 年 11 月 9 日采自广州珠江口红树林湿地（22°40′00″N；114°40′32″E），盐度约 16‰。

标本保藏 正模标本片存于中国海洋大学原生动物学研究室（编号：LIN-01916-1），1张副模标本片保存于英国自然历史博物馆（编号：NHMUK 2012.3.14.1）。

（105）林氏前口虫 *Frontonia lynni* Long, Song, Gong, Hu, Ma, Zhu & Wang, 2005（图 105）

Frontonia lynni Long, Song, Gong, Hu, Ma, Zhu & Wang, 2005, Zootaxa, 1003: 57-64

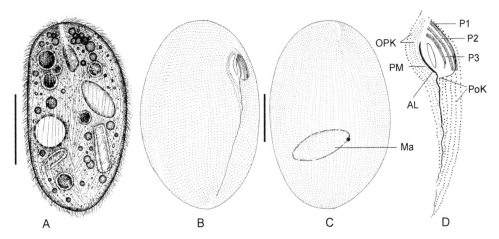

图 105 林氏前口虫 *Frontonia lynni*（仿 Long et al., 2005）
A. 活体腹面观；B 和 C. 纤毛图式腹面观（B）和背面观（C）；D. 口区结构；AL. 嗜银线；Ma. 大核；OPK. 眉宇动基列；PM. 口侧膜；PoK. 口后体动基列；P1~3. 咽膜 1~3（比例尺：A = 50 μm，B 和 C = 40 μm）

形态 虫体大小多变，（100~210）μm ×（70~150）μm，长宽比约为 3∶2，腹面观长椭圆形；右侧边缘平直，左侧弯曲，两端钝圆；背腹明显扁平，宽厚比约为 3∶1。口区约占体长的 1/7。胞质透明无色，富含食物泡及深色内质颗粒与结晶体。大核椭球形，位于体中部；1 枚小核紧邻大核。1 枚伸缩泡，直径约 20 μm，位于赤道线近体右侧边缘。刺丝泡长 6 μm。体纤毛长 8 μm。

运动方式为紧贴底质前后滑行，或于水中自由游动并伴随绕虫体纵轴旋转。

71~83 列体动基列。5 列口后体动基列。

咽膜 1~3 均包含 4 列毛基体，咽膜 1 和 2 中，4 列毛基体等长，咽膜 3 的最左侧列毛基体数目略少。口侧膜由单列毛基体构成。3 列较短的眉宇动基列。

标本采集 2004 年 11 月 24 日采自山东青岛沿海潮间带沙滩，水温约 10℃，盐度约 26‰。

标本保藏 正模标本片保存于英国自然历史博物馆（编号：2005：24：12），2 张副模标本片保存于中国海洋大学原生动物学研究室（编号：LHA-20041115-01-1；LHA-20041115-01-2）。

（106）特氏前口虫 *Frontonia tchibisovae* Burkovsky, 1970（图106）

Frontonia tchibisovae Burkovsky, 1970, Acta Protozool., 7: 475-489

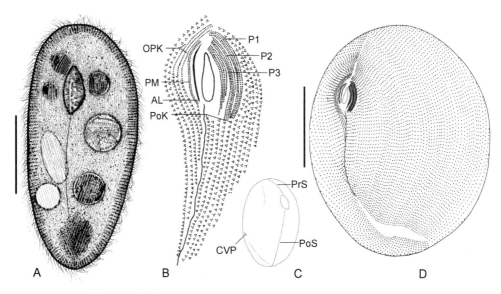

图106　特氏前口虫 *Frontonia tchibisovae*（仿 Long et al., 2008）
A. 活体腹面观；B. 口区结构；C. 腹面透视图，示缝合线和伸缩泡开孔；D. 纤毛图式腹面观；AL. 嗜银线；CVP. 伸缩泡开孔；OPK. 眉宇动基列；PM. 口侧膜；PoK. 口后体动基列；PoS. 口前缝合线；PrS. 口后缝合线；P1～3. 咽膜1～3（比例尺：30 μm）

形态　活体大小变化较大，（130～250）μm×（80～190）μm，大部分个体为200 μm×140 μm，长宽比为3.5∶1。体形稳定：两端钝圆，腹面观长椭圆形，左侧边缘较为平直；背腹略扁平。口区位于体前1/3处，占体长的1/6～1/5。胞质透明无色，含有极多的微小颗粒（直径＜6 μm），尤其近前后两端处；食物泡含藻类及有机杂质。1枚大核，位于细胞中部。1枚伸缩泡，具1～3个开孔。刺丝泡长5 μm。体纤毛长8 μm。

运动方式主要为绕虫体纵轴旋转游动，偶尔贴于基底旋转。

127～149列体动基列，口前、口后缝合线明显。5～7列口后体动基列。

咽膜1和2分别包含4列等长的毛基体，咽膜3也含4列，但其毛基体在后端从右至左渐次缩短。口侧膜包含紧密排布的2列毛基体，右侧列为双动基系，左侧列为单动基系。3或4列（大多数个体3列）眉宇动基列。

标本采集　2006年4月22日采自山东烟台沿海扇贝育苗池，盐度约9‰。

标本保藏　1张凭证标本片保存于英国自然历史博物馆（编号：2007：5：17：3）。

（107）史氏前口虫 *Frontonia shii* Cai, Wang, Pan, El-Serehy, Mu, Gao & Qiu, 2018
（图 107）

Frontonia shii Cai, Wang, Pan, El-Serehy, Mu, Gao & Qiu, 2018, Eur. J. Protistol., 63: 105-116

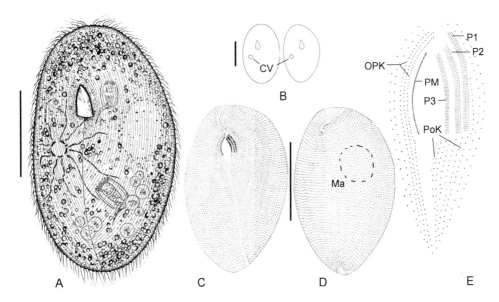

图 107　史氏前口虫 *Frontonia shii*（仿 Cai et al.，2018）
A. 活体腹面观；B. 腹面观，示伸缩泡和口区位置；C 和 D. 纤毛图式腹面观（C）和背面观（D）；E. 口区结构；CV. 伸缩泡；OPK. 眉宇动基列；PM. 口侧膜；PoK. 口后体动基列；P1~3. 咽膜 1~3（比例尺：A 和 B = 100 μm；C 和 D = 150 μm）

形态　活体大小（220~350）μm ×（130~250）μm，平均长度约为 300 μm × 200 μm；体形稳定，腹面观阔椭圆形，长宽比约为 5∶1。口区位于体前 1/3 处，小且浅，椭圆形或三角形，其长度占体长的 10%~20%。胞质无色，充满不规则形状的晶体颗粒；但含有许多球形且密集排列的单细胞绿藻（可能是小球藻属），致使细胞呈绿色；随机分布的食物泡内充满细菌、轮虫和藻类。大核椭圆形，约 70 μm × 50 μm，位于体中部。1 枚伸缩泡位于体中部右腹侧，完全舒张时直径 10~15 μm，收缩周期约为 1 min；大约有 10 条收集管，具有 1 个开孔。刺丝泡静息时长 8 μm，射出后长 20~25 μm。大部分体纤毛长约 10 μm，尾纤毛长约 15 μm。

运动方式主要为紧贴底质前后滑动或在水中沿着虫体纵轴逆时针旋转游动。

128~142 列体动基列，口前缝合线明显延伸至背部。在口区水平线后，体动基列渐次缩短，终止于口后缝合线。7 或 8 列口后体动基列终止于口前端，并沿口后缝合线逐渐变短。

咽膜 1 和 2 几乎等长，咽膜 3 略短，3 片咽膜各包含 4 列毛基体。口侧膜包含2列毛基体。3或4列眉宇动基列。

标本采集 2016年6月2日采自中国黑龙江哈尔滨呼兰区玉田村的池塘（45°93′87″N，126°61′15″E），水温约24℃。

标本保藏 正模标本片保存于英国自然历史博物馆（编号：NHMUK 2018.2.26.1），1张副模标本片保存于哈尔滨师范大学原生动物学实验室（编号：CXL-2016 0921-01）。

（108）广东前口虫 *Frontonia guangdongensis* Pan, Liu, Yi, Fan, Al-Rasheid & Lin, 2013（图108）

Frontonia guangdongensis Pan, Liu, Yi, Fan, Al-Rasheid & Lin, 2013, Acta Protozool., 52: 35-49

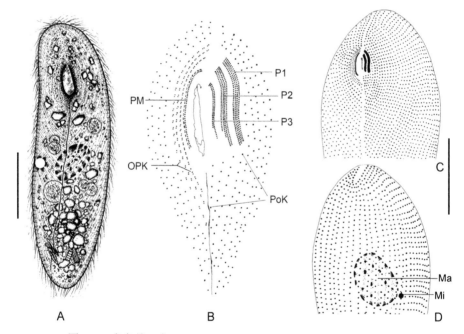

图108 广东前口虫 *Frontonia guangdongensis*（Pan et al.，2013b）
A. 活体腹面观；B. 口区结构；C和D. 纤毛图式腹面观（C）及背面观（D）（局部）；Ma. 大核；Mi. 小核；OPK. 眉宇动基列；PM. 口侧膜；PoK. 口后体动基列；P1～3. 咽膜1～3（比例尺：A = 60 μm，C和D = 40 μm）

形态 活体大小（150～170）μm ×（35～40）μm，显著细长，长宽比为4：1～5：1；背腹扁平，体右侧外廓距顶端1/3处稍向内凹陷。口区小且浅，大小约20 μm × 11 μm，占体长的10%～12%。胞质浅灰色，含大量直径为6～10 μm的黑色多边形晶体颗粒；食物泡和所摄食的藻类随机分布于胞质中。大核椭圆形，约20 μm × 15 μm，位于体中部；1枚球形小核位于大核附近，直径约5 μm。单一伸缩泡，位于体中部中线右侧，直径约为7 μm，收缩周期约为1 min；伸缩泡开孔位于背部右侧。除纺锤形刺丝泡外，表膜下方可见直径约 2 μm 的圆球形皮层颗粒。体纤毛通常长约 6 μm；尾纤毛长于其他纤毛，约 10 μm。

运动方式主要为在底质上爬行或沿虫体纵轴旋转游动。

52～65 列体动基列。4 或 5 列口后体动基列位于口后缝合线左侧，前端起始于口区下方，从左至右渐次缩短。

咽膜 1 和 2 约等长，相互平行，各由 4 列毛基体组成；咽膜 3 由 2 列毛基体组成，其右侧列为左侧列长度的 4/5。口侧膜由 2 列毛基体构成，内侧列由排列紧密的单动基系组成，外侧列由排列疏松的双动基系组成。3 或 4 列眉宇动基列，含紧密排列的双动基系。

标本采集　2008 年 11 月 9 日采自广东南沙沿海对虾养殖区，水温约 17℃，盐度约 28‰。

标本保藏　正模标本片（编号：LWW-081109-01-01）和 1 张副模标本片（编号：LWW-081109-01-02）保存于中国海洋大学原生动物学研究室。

（109）塞弗前口虫 *Frontonia schaefferi* Bullington, 1939（图 109）

Frontonia schaefferi Bullington, 1939, Arch. Protistenk., 92: 10-66

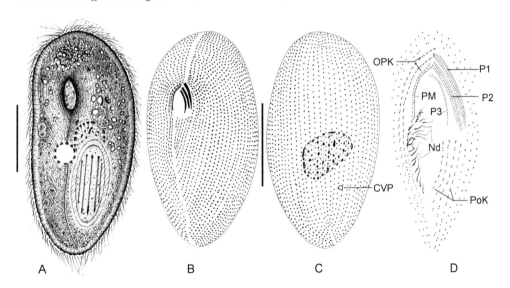

图 109　塞弗前口虫 *Frontonia schaefferi*（仿 Pan et al.，2013b）
A. 活体腹面观；B 和 C. 纤毛图式腹面观（B）和背面观（C）；D. 口区结构；CVP. 伸缩泡开孔；Nd. 咽微纤丝；OPK. 眉宇动基列；PM. 口侧膜；PoK. 口后体动基列；P1～3. 咽膜 1～3（比例尺：A = 40 μm，B 和 C = 50 μm）

形态　活体大小（95～100）μm ×（50～55）μm，椭圆形或肾形；前端钝圆而后端稍尖，背腹稍扁平，宽厚比约为 3∶2。口区小且浅，椭圆形或三角形，大小约 20 μm × 10 μm，约占体长 1/5。胞质无色至浅灰色，体前端常含大量黑色内质颗粒（直径 3～4 μm），少量蓝色晶体颗粒随机分布于胞质中。大核椭圆形，约 25 μm × 15 μm，位于体中部。1 枚伸缩泡，直径约 10 μm，位于赤道线后方，具有约 8 条收集管；1 个伸缩泡开孔位于背面右侧。刺丝泡静息时梭形，长约 5 μm，紧密排列于表膜之下，射出后长约 20 μm。体纤毛长约 6 μm。

运动方式为在底质上缓慢爬行或沿虫体纵轴顺时针旋转前进。

59～80 列体动基列，口前、口后缝合线明显，延伸至背侧。5 列由双动基系构成的口后体动基列，起始于口区下方，终止于口后缝合线。

咽膜 1 和 2 近乎等长，各由 4 列毛基体组成；咽膜 3 较咽膜 1 和 2 短，前端微向右弯曲，由 2 列约等长的毛基体组成。口侧膜位于口区右侧边缘，前端始于咽膜 2 前端，含单列毛基体。3 列眉宇动基列。

标本采集　2009 年 4 月 22 日采自深圳红树林湿地，水温约 25℃，盐度约 21‰。

标本保藏　2 张凭证标本片保存于中国海洋大学原生动物学研究室（编号 LWW-090422-01-01；LWW-090422-01-02）。

（110）迪氏前口虫 *Frontonia didieri* Long, Song, Al-Rasheid, Wang, Yi, Al-Quraishy, Lin & Al-Farraj, 2008（图 110）

Frontonia didieri Long, Song, Al-Rasheid, Wang, Yi, Al-Quraishy, Lin & Al-Farraj, 2008, Zootaxa, 1687: 35-50

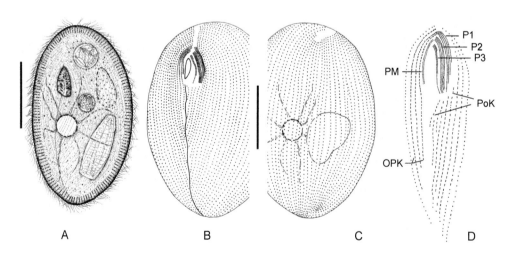

图 110　迪氏前口虫 *Frontonia didieri*（仿 Long et al., 2008）
A. 活体腹面观；B 和 C. 纤毛图式腹面观（B）和背面观（C）（局部）；D. 口区结构；OPK. 眉宇动基列；PM. 口侧膜；PoK. 口后体动基列；P1～3. 咽膜 1～3（比例尺：A = 40 μm，B 和 C = 50 μm）

形态　活体大小通常为 120 μm × 60 μm，长宽比约为 2∶1；背腹扁平，宽厚比约为 5∶4。口区约占体长 1/6。胞质无色透明，常含有巨大的硅藻（长达 50 μm）。大核椭球形，位于体中部。1 枚伸缩泡，直径约 15 μm，位于赤道线附近，具约 8 条明显的收集管和 1 个开孔。刺丝泡静息时长约 4 μm。体纤毛长约 7 μm。

运动方式为贴基质前后往复运动，或于水中快速地游动并伴随绕虫体纵轴旋转。

61~71 列体动基列，形成明显的延伸至背部的口前、口后缝合线。3~5 列口后体动基列。

咽膜 1 和 2 均含 4 列毛基体，咽膜 1 中，4 列毛基体从右至左渐次缩短；咽膜 3 含 3 列毛基体，最左侧列很短，居中 1 列为最右侧列的 1/2 长。口侧膜含 2 列毛基体。恒具 3 列眉宇动基列。

标本采集　2005 年 11 月 24 日采自山东青岛沿海潮间带沙滩，盐度 12‰。

标本保藏　正模标本片保存于英国自然历史博物馆（编号：2007：5：17：1），1 张副模标本片保存于中国海洋大学原生动物学研究室（编号：LHA-20051107-01-02）。

（111）加拿大前口虫 *Frontonia canadensis* Roque & de Puytorac, 1972（图 111）

Frontonia canadensis Roque & de Puytorac, 1972, Natural. Canad., 99: 411-416

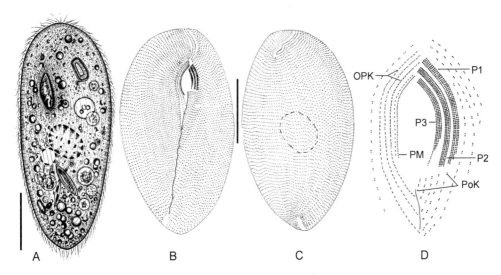

图 111　加拿大前口虫 *Frontonia canadensis*（仿 Pan et al., 2013b）
A. 活体腹面观；B 和 C. 纤毛图式腹面观（B）和背面观（C）；D. 口区结构；OPK. 眉宇动基列；PM. 口侧膜；PoK. 口后体动基列；P1~3. 咽膜 1~3（比例尺：A = 40 μm, B 和 C = 50 μm）

形态　活体大小（120~150）μm×（50~60）μm，长椭圆形；前端钝圆而后端略窄，背腹扁平，宽厚比约为 2.5∶1。口区大小 25 μm × 15 μm，占体长 17%~20%。胞质常含大量食物泡，尤其在体后端聚集，摄食的藻类使细胞呈现黄色；

胞质中随机分布一些蓝色的折光颗粒。大核大小 30 μm × 25 μm，位于体中部。1 枚伸缩泡，位于体中线右侧，具 10 条左右的收集管。刺丝泡静息时长 4～6 μm。一般体纤毛长 10 μm 左右；尾纤毛长约 12 μm。

运动方式为快速绕圈游动或向前游动伴随绕虫体纵轴顺时针旋转。

77～88 列体动基列，形成明显的延伸至背部的口前和口后缝合线。5 列口后体动基列均较短，且其后端终止于口后缝合线的前部。

3 片咽膜平行排列，近乎等长；咽膜 1 和 2 含 4 列毛基体；咽膜 3 亦包含 4 列毛基体，其后端从右至左明显渐次缩短，最左侧 1 列毛基体约占最右 1 列长度的 2/3。口侧膜含 2 列毛基体，左侧列为紧密排列的单动基系，右侧列为较为疏松的双动基系。3 列眉宇动基列。

标本采集　2008 年 11 月 9 日采自广东广州南沙红树林湿地，水温约 26℃，盐度 13‰。

标本保藏　3 张凭证标本片分别保存于中国海洋大学原生动物学研究室（编号：LWW-20081109-02）和英国自然历史博物馆（编号：NHMUK 2011.10.20.3；NHMUK 2011.10.20.4）。

（二十四）锥膜虫科 Stokesiidae Roque, 1961

Stokesiidae Roque, 1961, Bull. Biol. Fr. Belg., 95: 432-519

虫体中等大小，锥形或心形。体纤毛规则排列，毛基体除纵向成列外，也横向或倾斜成列。背面后端部分基体裸毛，背面缝合线处具有 1 条具纤毛的背极带。

该科全球记载 4 属，中国记录 2 属。

属检索表

1. 口区较大，眉宇动基列数很多 ·· 马氏虫属 *Marituja*
   口区较小，眉宇动基列数较少 ·· 双旗口虫属 *Disematostoma*

48. 马氏虫属 *Marituja* Gajewskaja, 1928

Marituja Gajewskaja, 1928, Dokl. Akad. Nauk. SSSR., 20: 476-478. **模式种**: *Marituja pelagica* Gajewskaja, 1928

形态　虫体中等大小，倒锥形或桶形。口区较大，口腔阔大且深陷；口腔右侧壁分布数量较多的眉宇动基列。

种类及分布　全球记载 2 种，在中国上海发现其中 1 种的疑似种。

（112）尾马氏虫疑似种 *Marituja* cf. *caudata* Obolkina, 1995（图 112）

Marituja caudata Obolkina, 1995, Novosibirsk: Nauka: 182-205

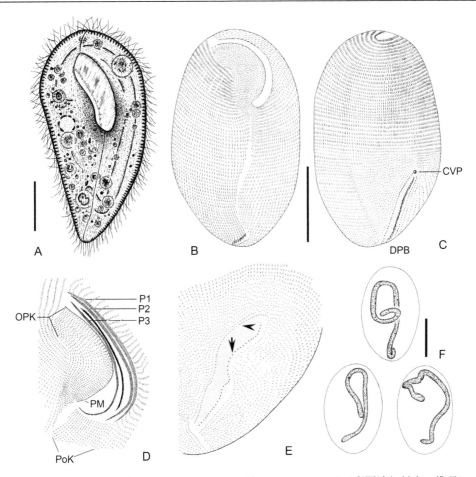

图 112 尾马氏虫疑似种 *Marituja* cf. *caudata*（仿 Xu et al., 2018）（彩图请扫封底二维码）
A. 活体腹面观；B 和 C. 纤毛图式腹面观（B）和背面观（C）；D. 口区结构；E. 背部后端，示单、双动基系混合的体动基列和背极带的 2 列毛基体（箭头和无尾箭头）；F. 大核的形态；CVP. 伸缩泡开孔；DPB. 背极带；OPK. 眉宇动基列；PM. 口侧膜；PoK. 口后体动基列；P1~3. 咽膜 1~3（比例尺：50 μm）

形态 虫体大小（115~160）μm×（70~90）μm，倒锥形。口区阔大，60 μm× 30 μm，倾斜于虫体纵轴，口腔最深处在口前端 1/3 处，几乎可触达背部；口区小膜附属的咽微纤丝长约 30 μm。胞质含大量的食物泡，食物泡中常可见黄色藻类。大核腊肠形，长且弯曲，几乎占据整个体长。1 枚伸缩泡，位于赤道线附近并贴近背面，舒张时直径约 25 μm，具有 6 条收集管；1 或 2 个伸缩泡开孔位于背面。刺丝泡静息时长 8~9 μm，射出时长可达 20 μm，具一个弯曲的尖端。体纤毛长 10~13 μm。

118~145 列体动基列（包括 18 列口后体动基列），体后端为单动基系，其他区域为双动基系。体动基列的毛基体横向排列极为规则，成水平或不同程度倾斜的行。体动基列缝合处可见 3 条缝合线：口前缝合线、口后缝合线和背极带。口前缝合线自口前端延伸至顶端；口后缝合线自口后延伸至体后端，高度相似于前口虫属的缝合线；背极带前端起始于伸缩泡开孔处，后端与口后缝合线相联系，包含 2 列具纤毛杆的毛基体。背极带附近部分背部区域内的毛基体不具有纤毛杆。

3 片咽膜均很长。咽膜 1 和 2 互相紧邻，分别包含 6 列和 5 列毛基体；咽膜 3 由 4 列毛基体构成。口侧膜很可能为双动基系。16～21 列眉宇动基列从口侧膜右侧开始排布于口腔右壁，均为双动基系。

标本采集　2014 年 6 月 9 日采集自上海崇明岛湿地（31°35′02″N，121°55′66″E），盐度约 2‰。

标本保藏　1 张凭证标本片保存于华东师范大学原生动物学实验室（编号：FXP-20140609-01）。

49. 双旗口虫属 *Disematostoma* Lauterborn, 1894

Disematostoma Lauterborn, 1894, Biol. Zbl., 14: 390-398. **模式种**: *Disematostoma bütschlii* Lauterborn, 1894

形态　虫体中等大小，卵形至倒锥形。口区小且深陷，右侧壁具有多列眉宇动基列。

种类及分布　全球记载 6 种，目前仅在中国浙江发现 1 种。

（113）小双旗口虫 *Disematostoma minor* Kahl, 1931（图 113）

Disematostoma minor Kahl, 1931, Tierwelt. Dtl., 21: 181-398

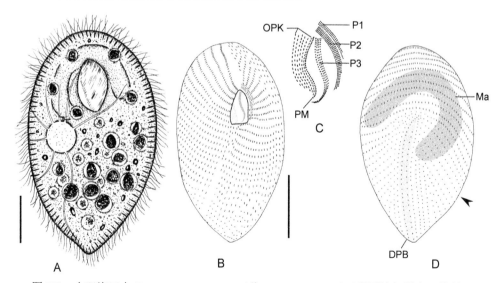

图 113　小双旗口虫 *Disematostoma minor*（仿 Xu et al., 2018）（彩图请扫封底二维码）
A. 活体腹面观；B 和 D. 纤毛图式腹面观（B）和背面观（D），无尾箭头示背部后端的单动基系；C. 口区结构；DPB. 背极带；Ma. 大核；OPK. 眉宇动基列；PM. 口侧膜；P1～3. 咽膜 1～3（比例尺：20 μm）

形态 活体大小（85~90）μm ×（60~70）μm，卵形，尾端明显尖削。口区约占体长 1/4。胞质含大量食物泡，内含摄食的鞭毛虫等食物。1 枚伸缩泡，位于体右侧近背部，具有 8 条收集管和 1 个开孔。大核位于体前 1/2 处，腊肠形，"C"形弯曲。刺丝泡静息时长 6~7 μm。体纤毛长 8~10 μm。

运动方式为绕尾端旋转，摇摆向前。

80~87 条体动基列（包括 6~8 列口后体动基列），为混合动基系。在腹面，单动基系仅在近尾端的很小范围内分布；在背面，单动基系约占体后半部。体纤毛的毛基体横向排列极为规则，可辨别出水平或不同程度倾斜的 21~25 行。口后体动基列从左至右后端渐次缩短。背极带长度占体长的 1/2，前端起始于伸缩泡开孔，含 2 列具纤毛杆的毛基体，右侧列毛基体具有嗜银染的基体下纤维。背极带附近部分背部区域内的毛基体不具纤毛杆。

咽膜 1 和 3 分别含 3 列和 5 列毛基体，且从左至右毛基体数减少；咽膜 3 则由 4 列等长的毛基体构成。口侧膜由紧密排列的双动基系构成。6 列眉宇动基列均为双动基系。

标本采集 2014 年 7 月 20 日采集自浙江天童山一淡水池塘（29°48′16″N, 121°48′07″E）。

标本保藏 1 张凭证标本片保存于华东师范大学原生动物学实验室（编号：FXP-20140720-01）。

参 考 文 献

范鑫鹏. 2011. 海洋盾纤类及膜口类纤毛虫的多样性. 青岛: 中国海洋大学博士学位论文, 153.

马宏伟. 2002. 盾纤目纤毛虫的系统分类及七种盾纤类的形态发生学研究. 青岛: 中国海洋大学博士学位论文, 164.

潘旭明. 2014. 盾纤亚纲与咽膜亚纲(原生动物, 纤毛门)中重要类群的多样性与系统学研究. 青岛: 中国海洋大学博士学位论文, 138.

宋微波. 1993. 双核平腹虫(新种)的研究和平腹虫属的修订. 海洋与湖沼, 24: 143-150.

宋微波. 1994. 青岛地区土壤纤毛虫区系 I. 动基片纲, 寡膜纲, 肾形纲. 青岛海洋大学学报, 24: 15-23.

宋微波. 1995a. 尖前口虫的口器发生研究(纤毛门, 膜口目). 水生生物学报, 19: 257-262.

宋微波. 1995b. 海水养殖水体中病害纤毛虫一新种——长拟尾丝虫 *Parauronema longum* nov. spec.(纤毛门, 盾纤目). 青岛海洋大学学报, 25: 461-465.

宋微波, 魏军. 1998. 三种纤毛虫的形态学研究. 水生生物学报, 22: 361-366.

宋微波, 沃伦 A, 胡晓钟. 2009. 中国黄渤海的自由生纤毛虫. 北京: 科学出版社: 518.

宋微波, 赵元莙, 徐奎栋, 等. 2003. 海水养殖中的危害性原生动物. 北京: 科学出版社: 483.

王艳刚. 2009. 海洋纤毛虫的多样性研究: 盾纤类、膜口类及腹毛类. 青岛: 中国海洋大学博士学位论文, 175.

徐奎栋. 1999. 黄渤海常见经济贝类及鱼类的危害性纤毛虫原生动物. 青岛: 青岛海洋大学博士学位论文, 208.

徐奎栋, 宋微波. 2000a. 海洋贝类的病害性纤毛虫研究 II. 嗜污亚目盾纤类纤毛虫. 青岛海洋大学学报, 30: 224-249.

徐奎栋, 宋微波. 2000b. 海洋贝类的病害性纤毛虫研究 III. 触毛亚目盾纤类纤毛虫. 青岛海洋大学学报, 30: 230-236.

詹子锋. 2012. 缘毛类和盾纤类纤毛虫的分类学与分子系统学研究. 北京: 中国科学院研究生院博士学位论文, 185.

张作人. 1958. 纤毛虫一新种(卷柏核弓形虫 *Biggaria caryoselaginelloides*)的报告. 动物学报, 10: 443-446.

张作人. 1963. 中国沿岸棘皮动物肠内纤毛虫类及其地理分布. 海洋与湖沼, 5: 215-225.

Aescht E. 2001. Catalogue of the generic names of ciliates (Protozoa, Ciliophora). Denisia, 1: 1-350.

Alekperov I K. 1993. Free-living ciliates in the soils of St. Petersburg parks (Protozoa). Zoosyst. Rossica, 2: 13-28.

Almudena G, Ana S, Jose L, et al. 1990. Morphology and morphogenesis of two species of the genus *Lembadion* (Ciliophora, Oligohymenophora): *Lembadion lucens* and *Lembadion bullinurn*. J. Eukaryot. Microbiol., 37: 553-561.

Biggar R B, Wenrich D H. 1932. Studies on ciliates from Bermuda sea urchins. J. Parasitol., 18: 252-257.

Bock K J. 1952. Über einige holo-und spirotriche Ciliaten aus den marinen Sandgebieten der Kieler Bucht. Zool. Anz., 149: 107-115.

Borror A C. 1972. Tidal marsh ciliates (Protozoa): morphology, ecology, systematics. Acta Protozool., 10: 29-71.

Bullington W E. 1939. A study of spiraling in the ciliate *Frontonia* with a review of the genus and description of two new species. Arch Protistenk., 92: 10-66.

Bumpus H C. 1900. Bulletin of the united states fish commission. Science, 11: 149-150.

Burkovsky I V. 1970. The ciliates of the mesopsammon of the Kandalaksha Gulf (White Sea) I. Acta Protozool., 7: 475-489.

Bütschli O. 1889. Protozoa. Abt. III. Infusoria und system der radiolaria. *In*: Bronn H G. Klassen und Ordnung des Tbiers-Reichs. Leipzig: C. F. Winter: 1098-2035.

Cai X, Wang C, Pan X, et al. 2018. Morphology and systematics of two freshwater *Frontonia* species (Ciliophora, Peniculida) from northeastern china, with comparisons among the freshwater, *Frontonia* spp. Eur. J. Protistol., 63: 105-116.

Calkins G. 1902. Marine protozoa from Woods Hole. Bull. US. Fish. Comm., 21: 413-468.

Cépède C. 1910. Recherches sur les infusoires astomes. Anatomie, biologie, éthologie parasitaire, systématique. Arch. Zool. Exp. Gén. (Série 5), 3: 341-609.

Chatton É, Brachon S. 1933. Sur une paramécie à deux races: *Paramecium dubosqui*, n. sp. C. R. Soc. Biol., 114: 988-991.

Chatton É, Brachon S. 1936. Les deux forrnes du Kahl A. 1931. Urtiere oder protozoa I: Wimpertiere oder ciliata (Infusoria). 2. Holotricha. Tierwelt Dtl., 21: 181-398.

Chatton É, Lwoff A. 1923. Sur l'évolution des infusoires des Lamellibranches. Les formes primitives du phylum des Thigmotriches. Le genere *Thigmophrya*. C. R. Ac. Sc. Paris, 177: 81-84.

Chatton É, Lwoff A. 1926. Diagnoses de ciliés Thigmotriches nouveaux. Bull. Soc. Zool. Fr., 51: 345-352.

Chatton É, Lwoff A. 1930. Imprégnation, par diffusion argentique, de l'infraciliature des ciliés marins et d'eau douce, aprés fixation cytologique et sans dessication. Compt. Rend. Soc. Biol., 104: 834-836.

Chen Y, Zhao Y, Pan X, et al. 2014. Morphology and phylogeny of a new *Frontonia* ciliate *F. paramagna* spec. nov. (Ciliophora, Peniculida) from Harbin, Northeast China. Zootaxa, 3827: 375-386.

Clamp J C, Lynn D H. 2017. Investigating the biodiversity of ciliates in the 'age of integration'. Eur. J. Protistol., 61: 314-322.

Cohn F. 1866. Neue infusorien im seeaquarium. Z. Wiss. Zool., 16: 253-302.

Corliss J O. 1956. On the evolution and systematics of ciliated protozoa. Syst. Zool., 5: 68-91.

Corliss J O. 1960. The problem of homonyms among generic names of ciliated Protozoa, with proposal of several new names. J. Protozool., 7: 269-278.

Corliss J O. 1979. The Ciliated Protozoa: Characterization, Classification, and Guide to the Literature. London & New York: Pergamon Press: 455.

Czapik A, Jordan A. 1977. Two new psammobiotic ciliates *Hippocomos loricatus* n. gen. n. sp. and *Pleuronema tardum* n. sp. (Hymenostomata, Pleuronematina). Acta Protozool., 16: 157-164.

de Puytorac P. 1994. Phylum cliophora doflein, 1901. *In*: de Puytora P. Traité de Zoologie, Infusoires Ciliés. Vol. 2. Paris: Masson: 1-15.

de Puytorac P, Grolière C, Roque M, et al. 1974. A propos d'un cilié Philasterina trouvé dans la cavité générale du polychète *Nereis diversicolor* of Müller. Protistologica, 10: 101-111.

Doflein F, Reichenow E. 1929. Lehrbuch der Protozoenkunde. Fünfte Aufl. Jena: Gustav Fishcher:

865-1262.

Dragesco J. 1960. Ciliés mésopsammiques littoraux. Systématique, morphologie, écologie. Trav. Stn. Bio. Roscoff, 122: 1-356.

Dragesco J. 1968. Les genres *Pleuronema* Dujardin, *Schizocalyptra* nov. gen. et *Histiobalantium* Stokes (ciliés holotriches hyménostomes). Protistologica, 4: 85-106.

Dragesco J, Dragesco K. 1986. Ciliés libres de l'Afrique intertropicale. Faune Tropicale, 26: 1-559.

Dujardin F. 1840. Mémoire sur une classification des Infusoires en rapport avec leur organisation. Comp. Rend. Acad. Sci. Paris, 11: 281-286.

Dujardin F. 1841. Histoire Naturelle des Zoophytes. Infusoires, Comprenant la Physiologie et la Classification de Ces Animaux, et la Manière de les étudier à l'aide du Microscope. Paris: Librairie Encyclopédique de Roret: 684.

Ehrenberg C G. 1833. Dritter Beitragen zur Erkenntniss Grosser Organisation in der Richtung des Kleinsten Raumes. Abh. Akad. Wiss. Berlin, 1833: 145-336.

Ehrenberg C G. 1838. Die lnfusionsthierchen als Vollkommene Organismen. Ein Blick in das Tiefere Organische Leben der Natur. Leipzig: Leopold Voss: 547.

Engelmann W. 1862. Zur naturgeschichte der infusionsthiere. Z. Wiss. Zool., 11: 347-393.

Evans F R, Thompson J C. 1964. Pseudocohnilembidae n. fam., a hymenostome ciliate family containing one genus, *Pseudocohnilembus* n. g. with three new species. J. Protozool., 11: 344-352.

Fabre-Domergue F. 1885. Note sur lesinfusories ciliés de la baie de concarneau. J. Anat. Physiol., 21: 555-568.

Fan X, Al-Farraj S A, Gao F, et al. 2014. Morphological reports on two species of *Dexiotricha* (Ciliophora, Scuticociliatia), with a note on the phylogenetic position of the genus. Int. J. Syst. Evol. Microbiol., 64: 680-688.

Fan X, Chen X, Song W, et al. 2010. Two new marine scuticociliates, *Sathrophilus planus* n. sp and *Pseudoplatynematum dengi* n. sp., with improved definition of *Pseudoplatynematum* (Ciliophora, Oligohymenophora). Eur. J. Protistol., 46: 212-220.

Fan X, Hu X, Al-Farraj S A, et al. 2011a. Morphological description of three marine ciliates (Ciliophora, Scuticociliatia), with establishment of a new genus and two new species. Eur. J. Protistol., 47: 186-196.

Fan X, Chen X, Song W, et al. 2011b. Two novel marine *Frontonia* species, *Frontonia mengi* spec. nov. and *Frontonia magna* spec. nov. (Protozoa; Ciliophora): with notes on their phylogeny based on small-subunit rRNA gene sequence data. Int. J. Syst. Evol. Microbiol., 61: 1476-1486.

Fan X, Lin X, Al-Rasheid K A S, et al. 2011c. The diversity of scuticociliates (Protozoa, Ciliophora): a report on eight marine forms found in coastal waters of China, with a description of one new species. Acta Protozool., 50: 219-234.

Fan X, Lin X, Liu W, et al. 2013. Morphology and phylogeny of three new marine *Frontonia* species (Ciliophora; Peniculida) from coastal waters of China. Eur. J. Protistol., 49: 312-323.

Fan X, Miao M, Al-Rasheid K A S, et al. 2009. A new genus of marine scuticociliate (Protozoa, Ciliophora) from northern China, with a brief note on its phylogenetic position inferred from small subunit ribosomal DNA sequence data. J. Eukaryot. Microbiol., 56: 577-582.

Fan X, Xu Y, Jiang J, et al. 2017. Morphological descriptions of five scuticociliates including one new species of *Falcicyclidium*. Eur. J. Protistol., 59: 34-49.

Fenchel T. 1965. Ciliates from Scandinavian molluscs. Ophelia, 2: 71-174.

Fernández-Galiano D. 1976. Silver impregnation of ciliated protozoa: procedure yielding good results with the pyridinated silver carbonate method. Trans. Am. Micros. Soc., 95: 557-560.

Florentin R. 1901. Description de deux infusoires ciliés nouveaux des mares salées de Lorraine suivie de quelques considérations sur la faune des lacs salés. Annls. Sci. Nat. (Zool.), 12: 343-363.

Foissner W. 1987. Soil protozoa: fundamental problems, ecological significance, adaptations in ciliates and testaceans, bioindicators, and guide to the literature. Progr. Protistol., 2: 69-212.

Foissner W. 1996. Ontogenesis in ciliated protozoa with emphasis on stomatogenesis. *In*: Hausmann K, Bradbury P C. Ciliates. Cells as Organsims. Stuttgart: Gustav Fischer Verlag: 95-177.

Foissner W, Agatha S, Berger H. 2002. Soil ciliates (Protozoa, Ciliophora) from Namibia (Southwest Africa), with emphasis on two contrasting environments, the Etosha Region and the Namib Desert. Denisia, 5: 1-1459.

Foissner W, Berger H, Kohmann F. 1994. Taxonomische und ökologische revision der ciliaten des Saprobiensystems. Hymenostomatida, Prostomatida, Nassulida. Inform.-Ber. Bayer. Landesamt. Wass.-Wirtsch, Heft 1/94: 1-548.

Fokin S I. 1986. Morphology of the contractive vacuoles in ciliated protozoa of the genus *Paramecium* (Hymenostomatida, Peniculina) as a species specific character. Zool. Zh. (Moscow), 65: 5-15.

Fokin S I. 1994. Morphology of the transitional zone of the cilia in Ciliophora. I. Class Oligohymenophora. Cytology (St. Petersburg), 36: 345-352.

Fokin S I. 1997. Morphological diversity of the micronuclei in *Paramecium*. Arch. Protistenkd., 148: 375-387.

Fokin S I. 2010. *Paramecium* genus: biodiversity, some morphological features and the key to the main morphospecies discrimination. Protistology, 6: 227-235.

Gajewskaja N. 1928. Sur quelques infusoires pélagiques nouveaux du lac Baikal. Dokl. Akad. Nauk. SSSR., 20: 476-478.

Gao F, Fan X, Yi Z, et al. 2010. Phylogenetic consideration of two scuticociliate genera, *Philasterides* and *Boveria* (Protozoa, Ciliophora) based on 18S rRNA gene sequences. Parasitol. Int., 59: 549-555.

Gao F, Gao S, Wang P, et al. 2014. Phylogenetic analyses of cyclidiids (Protista, Ciliophora, Scuticociliatia) based on multiple genes suggest their close relationship with thigmotrichids. Mol. Phylogenet. Evol., 75: 219-226.

Gao F, Huang J, Zhao Y, et al. 2017. Systematic studies on ciliates (Alveolata, Ciliophora) in China: progress and achievements based on molecular information. Eur. J. Protistol., 61: 409-423.

Gao F, Katz L A, Song W. 2012a. Insights into the phylogenetic and taxonomy of philasterid ciliates (Protozoa, Ciliophora, Scuticociliatia) based on analyses of multiple molecular markers. Mol. Phylogenet. Evol., 64: 308-317.

Gao F, Strüder-Kypke M, Yi Z, et al. 2012b. Phylogenetic analysis and taxonomic distinction of six genera of pathogenic scuticociliates (Protozoa, Ciliophora) inferred from small-subunit rRNA gene sequences. Int. J. Syst. Evol. Microbiol., 62: 246-256.

Gao F, Katz L A, Song W. 2013. Multigene-based analyses on evolutionary phylogeny of two controversial ciliate orders: Pleuronematida and Loxocephalida (Protista, Ciliophora, Oligohymenophorea). Mol. Phylogenet. Evol., 68: 55-63.

Gao F, Warren A, Zhang Q, et al. 2016. The all-data-based evolutionary hypothesis of ciliated protists with a revised classification of the phylum Ciliophora (Eukaryota, Alveolata). Sci. Rep., 6: 24874.

Ghosh X V. 1918. Studies on infusoria. II. Two new species of *Conchophthirus* Stein. Rec. Ind. Mus., 15: 131-134.

Gong J, Song W. 2008. Morphology and infraciliature of a new marine ciliate, *Cinetochilum ovale* n.

sp. (Ciliophora: Oligohymenophorea). Zootaxa, 1939: 51-57.

Gong J, Choi J K, Roberts D M, et al. 2007. Morphological descriptions of new and little-known benthic ciliates from Ganghwa tidal flat, Korea. J. Eukaryot. Microbiol., 54: 306-316.

Grolière C A. 1980. Morphologie et stomatogenèse chez quelques ciliés Scuticociliatida des generes *Philasterides* Kahl, 1926 et *Cyclidium* Müller, 1786. Acta Protozool., 19: 195-206.

Grolière C A, de Puytorac P, Grain J. 1980. Observation de quelques espèces ciliés endocommensaux d'échinides du Golf du Mexique et de la mer des Antilles. Protistologica, 16: 233-239.

Grolière C A, Detcheva R. 1974. Description et stomatogenèse de *Pleuronema puytoraci* n. sp. (Ciliata, Holotricha). Protistologica, 10: 91-99.

Grolière C A, Leglise M. 1977. *Paranophrys carcini* n. sp., Cilié Philasterina récolté dans l'hémolymphe du *Crabe cancer* pagurus Linné. Protistologica, 13: 503-507.

Guinea A, Sola A, Longas J, et al. 1990. Morphology and morphogenesis of two species of the genus *Lembadion* (Ciliophora, Oligohymenophora): *Lembadion lucens* and *Lembadion bullinum*. J. Eukaryot. Microbiol., 37: 553-561.

Hatzidimitriou G, Berger J. 1977. Morphology and morphogenesis of *Ancistrum mytili* (Scuticociliatida: Thigmotrichina), a commensal ciliate of mytilid pelecypods. Protistologica, 13: 477-495.

Hu X, Lin X, Song W. 2019. Ciliate Atlas: Species Found in the South China Sea. Beijing: Science Press: 631.

Ikeda I, Ozaki Y. 1918. Notes on a new *Boveria* species, *Boveria labialis* n. sp. J. Coll. Sci. Tokyo, 40: 1-25.

Issel D R. 1903. Ancistridi del Golfo di Napoli. Mitt. Zool. Sta. Neapel., 16: 65-108.

Jankowski A W. 1964. Morphology and evolution of Cilophora. IV. Sapropelebionts of the family Loxocephalidae fam. nov., their taxonomy and evolutionary history. Acta Protozool., 2: 33-58.

Jankowski A W. 1973. Commensological sketches. 4. New genera of *Chonotricha*, *Endogemmina* symbiotic with *Leptostraca*. Zool. Zh., 52: 15-24.

Jankowski A W. 1980. Conspectus of a new system of the phylum Ciliophora. Trudy Zool. Inst. Leningr., 94: 103-121.

Jankowski A W. 2007. Phylum Ciliophora Doflein, 1901. *In*: Alimov A F. Protista. Part 2. Handbook on Zoology. St. Petersburg: Nauka: 415-993.

Kahl A. 1926. Neue und wenig bekannte formen der holotrichenund heterotrichen Ciliaten. Arch. Protistenk., 55: 197-438.

Kahl A. 1928. Die infusorien (ciliata) der oldesloer salswässerstellen. Arch. Hydrobiol., 19: 50-123, 189-246.

Kahl A. 1931. Urtiere oder protozoa I: wimpertiere oder ciliata (infusoria). 2. Holotricha. Tierwelt Dtl., 21: 181-398.

Kahl A. 1933. Ciliata libera et ectocommensalia. *In*: Grimpe G, Wagler E. Die Tierwelt der Nord- und Ostsee. Lief. 23 (Teil II, c3). Leipzig: Akademische Verlagsgesellschaft: 29-146.

Kahl A. 1934. Ciliata endocommensalia et parasitica. *In*: Grimpe G, Wagler E. Die Tierwelt der Nord und Ostsee. Lief. 26 (Teil II, c4). Leipzig: Akademische Verlagsgesellschaft: 147-183.

Kahl A. 1935. Urtiere oder protozoa I: wimpertiere oder ciliata (infusoria). 4. Peritricha und Chonotricha. Tierwelt Dtl., 30: 651-805.

Kent W S. 1881. A manual of the Infusoria: Including a Description of all Known Flagellate, Ciliate, and Tentaculiferous Protozoa, British and Foreign, and An Account of the Organization and Affinities of the Sponges. Vol. II. London: David Bogue: 433-720.

König A. 1894. *Hemispeiropsis Comatulae*, eine neue gattung der urceolariden. S. B. Akad. Wiss,

Wien, Math.-nat. Kl., 103: 55-60.

Lauterborn R. 1894. Ueber die Winterfauna einiger gewässer der oberrheinebene. Mit beschreibungen neuer protozoën. Biol. Zbl., 14: 390-398.

Li J, Lin X, Yi Z, et al. 2009. Molecules or morphogenesis: how to determine the phylogenetic assignment of *Paratetrahymena* (Protista, Ciliophora, Oligohymenophorea)? Zool. Scrip., 39: 499-510.

Li L, Song W, Warren A, et al. 2006. Phylogenetic position of the marine ciliate, *Cardiostomatella vermiforme* (Kahl, 1928) Corliss, 1960 inferred from the complete SSrRNA gene sequence, with establishment of a new order *Loxocephalida* n. ord. (Ciliophora, Oligohymenophorea). Eur. J. Protistol., 42: 107-114.

Liu M, Gao F, Al-Farraj S A, et al. 2016. Morphology and small subunit rRNA gene sequence of *Uronemita parabinucleata* n. sp. (Ciliophora, Uronematidae), with an improved generic diagnosis and the key to species of *Uronemita*. Eur. J. Protistol., 54: 1-10.

Liu M, Li L, Qu Z, et al. 2017. Morphological redescription and SSU rDNA-based phylogeny of two freshwater ciliates, *Uronema nigricans* and *Lembadion lucens* (Ciliophora, Oligohymenophorea), with discussion on the taxonomic status of *Uronemita sinensis*. Acta Protozool., 56: 17-37.

Liu M, Li L, Zhang T, et al. 2020. Two new scuticociliates from southern China: *Uronema apomarinum* sp. nov. and *Homalogastra parasetosa* sp. nov., with improved diagnoses of the genus *Homalogastra* and its type species *Homalogastra setosa* (Ciliophora, Oligohymenophorea). Int. J. Syst. Evol. Microbiol., 70: 2405-2419.

Long H, Song W, Al-Rasheid K A S, et al. 2008. Taxonomic studies on three marine species of *Frontonia* from northern China: *F. didieri* n. sp., *F. multinucleata* n. sp. and *F. tchibisovae* Burkovsky, 1970 (Ciliophora: Peniculida). Zootaxa, 1687: 35-50.

Long H, Song W, Chen J, et al. 2006. Studies on an endoparasitic ciliate *Boveria labialis* (Protozoa, Ciliophora) from the sea cucumber, *Apostichopus japonicus*. J. Mar. Biol. Assoc. U.K., 86: 823-828.

Long H, Song W, Gong J, et al. 2005. *Frontonia lynni* n. sp., a new marine ciliate (Protozoa, Ciliophora, Hymenostomatida) from Qingdao, China. Zootaxa, 1003: 57-64.

Long H, Song W, Warren A, et al. 2007a. Two new ciliates from the North China Seas, *Schizocalyptra aeschtae* nov. spec. and *Sathrophilus holtae* nov. spec., with new definition of the genus *Sathrophilus* (Ciliophora, Oligohymenophora). Acta Protozool., 46: 229-245.

Long H, Song W, Wang Y, et al. 2007b. Morphological redescription of two endocommensal ciliates, *Entorhipidium fukuii* Uyemura, 1934 and *Madsenia indomita* (Madsen, 1931) Kahl, 1934 from digestive tracts of sea urchins of the Yellow Sea, China (Ciliophora; Scuticociliatida). Eur. J. Protistol., 43: 101-114.

Lynch J E. 1929. Studies on the ciliates from the intestine of *Strongylocentrotus*. I. *Entorhipidium* gen. nov. Univ. Calif. Publ. Zool., 33: 27-56.

Lynn D H. 2008. The Ciliated Protozoa, Characterization, Classification, and Guide to the Literature. 3rd ed. Dordrecht: Springer: 605.

Ma H, Choi J K, Song W. 2003. An improved silver carbonate impregnation for marine ciliated protozoa. Acta Protozool., 42: 161-164.

Ma H, Song W, Warren A, et al. 2006. Redescription of the marine scuticociliate *Glauconema trihymene* Thompson, 1966 (Protozoa: Ciliophora): life cycle and stomatogenesis. Zootaxa, 1296: 1-17.

Madsen H. 1931. Bemerkungen über einige entozoische und freilebende marine infusorien der Gattungen *Uronema, Cyclidium, Cristigera, Aspidisca* und *Entodiscus* gen. nov. Zool. Anz., 96:

99-112.

Maskell W M. 1887. On the freshwater infusoria of the Wellington district. Trans. Proc. N. Z. Inst., 20: 3-19.

Maupas E. 1883. Contribution à l'étude morphologique et anatornique des infusoires ciliés. Arch. Zool. Exp Gén., 1: 427-664.

Miao M, Wang Y, Li L, et al. 2009. Molecular phylogeny of the scuticociliate *Philaster* (Protozoa, Ciliophora) based on SSU rRNA gene sequences information, with description of a new species *P. apodigitiformis* sp. n. Syst. Biodivers., 7: 381-388.

Miao M, Wang Y, Song W, et al. 2010. Description of *Eurystomatella sinica* n. gen. n. sp. with establishment of a new family Eurystomatellidae n. fam. (Protista, Ciliophora, Scuticociliatia) and analyses of its phylogeny inferred from sequences of the small-subunit rRNA gene. Int. J. Syst. Evol. Microbiol., 60: 460-468.

Möbius K A. 1888. Bruchstücke einer infusorienfauna der kieler bucht. Arch. Naturg., 54: 81-116.

Müller O F. 1773. Vermium Terrestrium et Fluviatilium, seu Animalium Infusoriorum, Helminthicorum et Testaceorum, Non Marinorum, Succincta Historia. Havniae et Lipsiae: Heineck et Faber: 135.

Müller O F. 1786. Animalcula Infusoria Fluviatilia et Marina, Quae Detexit, Sytematice De-scripsit et ad Vivum Delineari Curavit. Havniae et Lipsiae: N. Mölleri: 367.

Ngassam P, Grain J. 2000. Contribution to the study of Hysterocinetidae ciliates of the genus *Ptychostomum*. Description of six new species. Eur. J. Protistol., 36: 285-292.

Ngassam P, de Puytorac P, Grain J. 1994. On *Paraptychostomum almae* n. g., n. sp., a commensal ciliate from the digestive tract of oligochaetes of the Cameroons, in a new subclass Hysterocinetia. J. Eukaryot. Microbiol., 41: 155-162.

Nie D. 1934. Studies of the intestinal ciliates of sea urchin from Amoy. Rep. Mar. Biol. Assoc. China, 1934: 81-90.

Obolkina L A. 1995. Ciliophora. *In*: Timoshkin O A. Guide and Key to Pelagic Animals of Baikal with Ecological Notes. Novosibirsk: Nauka: 182-205.

Pan H, Hu J, Jiang J, et al. 2016. Morphology and phylogeny of three *Pleuronema* species (Ciliophora, Scuticociliatia) from Hangzhou Bay, China, with description of two new species, *P. binucleatum* n. sp. And *P. parawiackowski* n. sp. J. Eukaryot. Microbiol., 63: 287-298.

Pan X, Fan X, Al-Farraj S A, et al. 2016. Taxonomy and morphology of four "ophrys-related" scuticociliates (Ciliophora, Scuticociliatia), with description of a new genus, *Paramesanophrys* gen. nov. Eur. J. Taxon., 191: 1-18.

Pan H, Huang J, Hu X, et al. 2010. Morphology and SSU rRNA gene sequences of three marine ciliates from Yellow Sea, China, including one new species, *Uronema heteromarinum* nov. spec. (Ciliophora, Scuticociliatida). Acta Protozool., 49: 45-59.

Pan M, Chen Y, Cheng D, et al. 2020. Taxonomy and molecular phylogeny of three freshwater scuticociliates, with descriptions of one new genus and two new species (Protista, Ciliophora, Oligohymenophorea). Eur. J. Protistol., 74: 125644.

Pan X, Gao F, Liu W, et al. 2013a. Morphology and SSU rRNA gene sequences of three *Frontonia* species including a description of *F. subtropica* spec. nov. (Ciliophora, Peniculida). Eur. J. Protistol., 49: 67-77.

Pan X, Liu W, Yi Z, et al. 2013b. Studies on three diverse *Frontonia* species (Ciliophora, Peniculida), with brief notes on 14 marine or brackish congeners. Acta Protozool., 52: 35-49.

Pan X, Zhu M, Ma H G, et al. 2013c. Morphology and small-subunit rRNA gene sequences of two novel marine ciliates, *Metanophrys orientalis* spec. nov. and *Uronemella sinensis* spec. nov.

(Protista, Ciliophora, Scuticociliatia), with an improved diagnosis of the genus *Uronemella*. Int. J. Syst. Evol. Microbiol., 63: 3515-3523.

Pan X, Huang J, Fan X, et al. 2015a. Morphology and phylogeny of four marine scuticociliates (Protista, Ciliophora), with descriptions of two new species: *Pleuronema elegans* spec. nov. and *Uronema orientalis* spec. nov. Acta Protozool., 54: 31-43.

Pan X, Yi Z, Li J Q, et al. 2015b. Biodiversity of marine scuticociliates (Protozoa, Ciliophora) from China: description of nine morphotypes including a new species, *Philaster sinensis* spec. nov. Eur. J. Protistol., 51: 142-157.

Pan H, Hu J, Warren A, et al. 2015. Morphology and molecular phylogeny of *Pleuronema orientale* spec. nov. and *Pleuronema paucisaetosum* spec. nov. (Ciliophora, Scuticociliata) from Hangzhou Bay. China. Int. J. Syst. Evol. Microbiol., 65: 4800-4808.

Pan X, Liang C, Wang C, et al. 2017. One freshwater species of the genus *Cyclidium*, *Cyclidium sinicum* spec. nov. (Protozoa; Ciliophora), with an improved diagnosis of the genus *Cyclidium*. Int. J. Syst. Evol. Microbiol., 67: 557-564.

Pan X, Shao C, Ma H, et al. 2011. Redescriptions of two marine scuticociliates from china, with notes on stomatogenesis in *Parauronema longum* (ciliophora, scuticociliatida). Acta Protozool., 50: 301-310.

Perty M. 1849. Über vertikale Verbreitung mikroskopischer Lebensformen. Mitth. Naturf. Gesellsch. Bern., 1849: 17-45.

Perty M. 1852. Zur Kenntniss Kleinster Lebensformen nach Bau, Funktionen, Systematik, mit Specialverzeichniss der in der Schweiz beobachteten. Bern: Jent & Reinert: 228.

Poljansky G I. 1951. Intestinal infusoria of sea urchins. Zh. Parasitol. Mosc., 13: 371-393.

Quennerstedt A. 1867. Bidrag till sveriges infusorie fauna. II. Acta University Lund, 4: 1-47.

Raabe Z. 1934. Weitere untersuchungen an einigen arten des genus *Conchophthirus* Stein. Mém. Acad. Pol. Sci. Lettr, Sér. B. Sci. Nat, 1934: 221-235.

Roque M. 1961. Recherches sur les infusoires ciliés: les hyménostomes péniculiens. Bull. Biol. Fr. Belg., 95: 431-519.

Roque M, de Puytorac P. 1972. *Frontonia canadensis* sp. nov. (cilié hyménostome péniculien). Natural. Canad., 99: 411-416.

Roux J. 1899. Observations sur quelques infusoires ciliés des environs de Genéve. Rev. Suisse Zool., 6: 557-635.

Santhakumari V, Nair N B. 1970. *Nucleocorbula adherens* gen. & sp. nov. (Ciliata: Thigmotrichida) from shipworms. Ophelia, 7: 139-144.

Santoferrara L, McManus G B, Alder V A. 2013. Utility of genetic markers and morphology for species discrimination within the order Tintinnida (Ciliophora, Spirotrichea). Protist, 164: 24-36.

Serrano S, Sola A, Guinea A, et al. 1990. Morphology and morphogenesis of *Disematostoma colpidioides* (Ciliophora, Frontoniidae): its systematic implications. Eur. J. Protistol., 25: 353-360.

Shi X, Jin M, Liu G. 1997. Rediscovery of *Paramecium duboscqui* Chatton & Brachon, 1933, and a description of its characteristics. J. Eukaryot. Microbiol., 44: 134-141.

Small E B. 1967. The Scuticociliatida, a new order of the class Ciliatea (Phylum Protozoa, Subphylum Ciliophora). Trans. Am. Microsc. Soc., 86: 345-370.

Small E B, Lynn D H. 1985. Phylum Ciliophora Doflein, 1901. *In*: Lee J J, Hutner S H, Bovee E C. An Illustrated Guide to the Protozoa. Kansas: Society of Protozoologists, Lawrence: 393-575.

Song W. 2000. Morphological and taxonomical studies on some marine scuticociliates from China sea, with description of two new species, *Philasterides armatalis* sp. n. and *Cyclidium varibonneti* sp.

n. (Protozoa: Ciliophora: Scuticociliatida). Acta Protozool., 39: 295-322.

Song W, Wilbert N. 2000. Redefinition and redescription of some marine scuticociliates from China, with report of a new species, *Metanophrys sinensis* nov. spec. (Ciliophora, Scuticociliatida). Zool. Anz., 239: 45-74.

Song W, Wilbert N. 2002. Reinvestigations of three "well-known" marine scuticociliates: *Uronemella filificum* (Kahl, 1931) nov. gen., nov. comb., *Pseudocohnilembus hargisi* Evans & Thompson, 1964 and *Cyclidium citrullus* Cohn 1865, with description of the new genus *Uronemella* (Protozoa, Ciliophora, Scuticociliatida). Zool. Anz., 241: 317-331.

Song W, Ma H, Al-Rasheid K A S. 2003. *Dexiotrichides pangi* n. sp. (Protozoa, Ciliophora, Scuticociliatia), a new marine ciliate from the North China Sea. J. Eukaryot. Microbiol., 50: 114-122.

Song W, Ma H, Wang M, et al. 2002a. Comparative studies on two closely related species *Uronemella filificum* (Kahl, 1931) and *Uronema elegans* Maupas, 1883 with redescription of *Paranophrys marina* Thompson & Berger, 1965 (Ciliophora, Scuticociliatida) from China seas. Acta Protozool., 41: 263-278.

Song W, Shang H, Chen Z, et al. 2002b. Comparison of some closely related *Metanophrys* taxa with description of a new species *Metanophrys similis* nov. spec. (Ciliophora, Scuticociliatida). Eur. J. Protistol., 38: 45-53.

Stein F. 1861. Uber ein neues parasitisches infusoriensthier aus dem Darmkanal von Paludiner und uber dis mit demsem ben zunachst verwandten Infusorienformen. Sitz. Ber. Bohm. Ges. Wiss. Prag. (1. Halbi.), 1861: 85-90.

Stevens N M. 1901. Studies on ciliate infusoria. Proc. Calif. Acad. Sci., 3: 1-42.

Stoeck T, Przybos E, Dunthorn M. 2014. The D1-D2 region of the large subunit ribosomal DNA as barcode for ciliates. Mol. Ecol. Res, 14: 458-468.

Stokes A C. 1885. Notes on some apparently undescribed forms of fresh-water infusoria. Am. J. Sci., 29: 313-328.

Stokes A C. 1886. Some new infusoria from American fresh waters—No. 2. Ann. Mag. Nat. Hist. (Ser. 5), 17: 98-112.

Strüder-Kypke M C, Wright A D, Fokin S I, et al. 2000. Phylogenetic relationships of the subclass Peniculia (Oligohymenophorea, Ciliophora) inferred from small subunit rRNA gene sequences. J. Eukaryot. Microbiol. 47: 419-429.

Susana S, Ana S, Almudena G, et al. 1990. Morphology and morphogenesis of *Disematostoma colpidioides* (Ciliophora, Frontoniidae): its systematic implications. Eur. J. Protistol., 25: 353-360.

Thompson J C. 1963. The generic significance of the buccal infraciliature in the family Tetrahymenidae and a proposed new genus and species, *Paratetrahymena wassi*. Virginia J. Sci., 14: 126-135.

Thompson J C. 1964. A redescription of *Uronema marinum*, and a proposed new family Uronematidae. Virginia J. Sci., 15: 80-87.

Thompson J C. 1966. *Glauconema trihymene* ng, n. sp., a hymenostome ciliate from the Virginia coast. J. Protozool., 13: 393-395.

Thompson J C. 1967. *Parauronema virginianum* n. g., n. sp., a marine hymenostome ciliate. J. Protozool., 14: 731-734.

Thompson J C. 1969. *Philaster hiatti* n. sp., a holotrichous ciliate from Hawaii. J. Protozool., 16: 81-83.

Thompson J C, Berger J. 1965. *Paranophrys marina* n. g., n. sp., a new ciliate associated with a hydroid from the Northeast Pacific (Ciliata: Hymenostomatida). J. Protozool., 12: 527-531.

Thompson J C, Moewus L. 1964. *Miamiensis avidus* n. g. n. sp. a marine facultative parasite in the ciliate order *Hymenostomatida*. J. Protozool., 11: 378-381.

Uyemura M. 1937. Studies on ciliates form marine mussels in Japan 1. A new ciliate, *Ancistruma japonica*. Sci. Rep. Tokyo Bunr. Daig. B., 3: 115-125.

Wang Y, Hu X, Long H, et al. 2007. First record and redefinition of the Qingdao population of marine ciliate *Cardiostomatella vermiformis* (Kahl, 1928) Corliss, 1960 (Protozoa, Ciliophora). J. Ocean Univ. China, 6: 387-392.

Wang Y, Miao M, Zhang Q, et al. 2008a. Three marine interstitial scuticociliates, *Schizocalyptra similis* sp. n. *S. sinica* sp. n. and *Hippocomos salinus* Small and Lynn, 1985 (Ciliophora: Scuticociliatida), isolated from Chinese coastal waters. Acta Protozool., 47: 377-387.

Wang Y, Hu X, Long H, et al. 2008b. Morphological studies indicate that *Pleuronema grolierei* nov. spec. and *P. coronatum* Kent, 1881 represent different sections of the genus *Pleuronema* (Ciliophora: Scuticociliatida). Eur. J. Protistol., 44: 131-140.

Wang Y, Song W, Hu X, et al. 2008c. Descriptions of two new marine species of *Pleuronema*, *P. czapikae* sp. n. and *P. wiackowskii* sp. n. (Ciliophora: Scuticociliatida), from the Yellow Sea, North China. Acta Protozool., 47: 35-45.

Wang Y, Song W, Warren A, et al. 2009. Descriptions of two new marine scuticociliates, *Pleuronema sinica* n. sp. and *P. wilberti* n. sp. (Ciliophora: Scuticociliatida), from the Yellow Sea, China. Eur. J. Protistol., 45: 29-37.

Wilbert N. 1975. Eine verbesserte Technik der Protargolimprägnation für Ciliaten. Mikrokosmos, 64: 171-179.

Xu K, Song W. 1998. Morphological studies on a commensal ciliate, *Pseudocycliduium longum* nov. soec. (Ciliophora, Scuticociliatida) of the mantle cavity of marine mollusc *Cyclina sinensis* (Gmelin, 1791) from the Coast of the Yellow Sea. The Yellow Sea, 4: 1-4.

Xu K, Song W, Warren A. 2015. Two new and two poorly known species of *Ancistrum* (Ciliophora, Scuticociliatia, Thigmotrichida) parasitizing marine molluscs from Chinese coastal waters of the Yellow Sea. Acta Protozool., 54: 195-207.

Xu Y, Gao F, Fan X. 2018. Reconsideration of the systematics of Peniculida (Protista, Ciliophora) based on SSR rRNA gene sequences and new morphological features of *Marituja* and *Disematostoma*. Hydrobiologia, 806: 313-331.

Zhang Q, Fan X, Clamp J C, et al. 2010. Description of *Paratetrahymena parawassi* n. sp. using morphological and molecular evidence and a phylogenetic analysis of *Paratetrahymena* and other taxonomically ambiguous genera in the order *Loxocephalida* (Ciliophora, Oligohymenophorea). J. Eukaryot. Microbiol., 57: 483-493.

Zhang Q, Miao M, Michaela C, et al. 2011. Molecular evolution of *Cinetochilum* and *Sathrophilus* (Protozoa, Ciliophora, Oligohymenophorea), two genera of ciliates with morphological affinities to scuticociliates. Zool. Scr., 40: 317-325.

Zhang Q, Yi Z, Fan X, et al. 2014. Further insights into the phylogeny of two ciliate classes Nassophorea and Prostomatea (Protista, Ciliophora). Mol. Phylogenet. Evol., 70: 162-170.

Zhang T, Fan X, Gao F, et al. 2019. Further analyses on the phylogeny of the subclass Scuticociliatia (Protozoa, Ciliophora) based on both nuclear and mitochondrial data. Mol. Phylogenet. Evol., 139: 106565.

Zhao Y, Gentekaki E, Yi Z, et al. 2013. Genetic differentiation of the mitochondrial cytochrome oxidase c subunit I gene in genus Paramecium (Protista, Ciliophora). PLoS One, 8: e77044.

中 名 索 引

A

艾斯特裂纱虫 64
暗尾丝虫 109

B

百慕大彼格虫 80
半旋虫科 72
薄片贝虱虫 131
鲍鱼钩虫 67
贝虱虫科 129
贝虱虫属 130
彼格虫属 79
扁柔页虫 144

C

草履虫科 149
草履虫属 149
查匹克帆口虫 58
唇形后口虫 74
刺膜袋虫属 35

D

大粘叶虫 78
邓氏伪扁丝虫 141
迪氏前口虫 168
典型拟异阿脑虫 115
典型维尔伯特虫 29
东方帆口虫 53
东方后阿脑虫 120

东方尾丝虫 107
杜氏草履虫 149
短毛贝虱虫 130
盾纤亚纲 27
多核彼格虫 79
多核前口虫 152

F

发袋虫属 34
帆口虫科 47
帆口虫属 47
帆口目 27
方氏镰膜袋虫 37
弗州拟尾丝虫 128
福氏内扇虫 90

G

刚毛帆口虫 50
格氏帆口虫 60
瓜形原膜袋虫 39
冠帆口虫 62
光明舟形虫 147
广东前口虫 166

H

哈尔滨偏尾丝虫 100
哈氏伪康纤虫 84
海洋帆口虫 57
海洋拟阿脑虫 117
海洋尾丝虫 110

海洋纤袋虫 32
侯氏柔页虫 146
后阿脑虫属 120
后口虫属 73
厚鱼钩虫 70

麦德申虫属 93
孟氏前口虫 154
膜袋虫科 33
膜袋虫属 43

J

加拿大前口虫 169
尖前口虫 151
尖梭刺膜袋虫 35
尖鱼钩虫 69
精巢虫科 115
巨大拟阿脑虫 118
巨大前口虫 157
具齿伪扁丝虫 143
卷柏核彼格虫 81

N

内扇虫科 87
内扇虫属 88
拟阿脑虫属 116
拟刚毛平腹虫 114
拟巨大前口虫 156
拟双核小尾丝虫 102
拟瞬膜虫属 125
拟丝状小尾丝虫 101
拟四膜虫属 134
拟瓦氏拟四膜虫 134
拟维氏帆口虫 56
拟尾丝虫科 124
拟尾丝虫属 127
拟武装嗜污虫 92
拟异阿脑虫属 115
拟舟虫科 86
拟舟虫属 86
粘叶虫属 77
柠檬镰膜袋虫 38

K

康纤虫科 82
康纤虫属 82
颗粒右毛虫疑似种 138
阔口虫科 27
阔口虫属 28

L

类右毛虫属 137
镰膜袋虫属 36
裂缝污栖虫 96
裂纱虫属 63
林氏前口虫 163
卵圆映毛虫 140

P

庞氏类右毛虫 137
偏海洋尾丝虫 108
偏尾丝虫属 99
平腹虫属 113
普氏帆口虫 61

M

马氏虫属 170
迈阿密虫属 124

Q

前口虫科 150
前口虫属 150

R

日本鱼钩虫　71
柔页虫属　144
蠕状康纤虫　82
蠕状心口虫　133

S

塞弗前口虫　167
三角内扇虫　88
三膜拟瞬膜虫　126
少毛帆口虫　49
史氏前口虫　165
嗜污虫科　91
嗜污虫属　91
嗜污目　75
梳纤虫科　30
双核帆口虫　54
双核小尾丝虫　103
双壳吸触虫　76
双旗口虫属　172
水滴伪康纤虫　85
瞬闪膜袋虫　44
丝状小尾丝虫　104

T

贪食迈阿密虫　124
特氏前口虫　164

W

瓦氏拟四膜虫　135
维尔伯特虫属　29
维尔伯特帆口虫　51
维氏帆口虫　55
伪扁丝虫属　141
伪康纤虫科　83

伪康纤虫属　84
伪膜袋虫属　41
尾马氏虫疑似种　170
尾丝虫科　99
尾丝虫属　106
污栖虫属　94

X

吸触虫科　76
吸触虫属　76
厦门膜袋虫　43
纤袋虫科　32
纤袋虫属　32
显赫针口虫　98
相似后阿脑虫　122
相似裂纱虫　66
小前口虫　159
小双旗口虫　172
小尾丝虫属　101
斜头虫科　132
斜头目　129
蟹栖异阿脑虫　119
心口虫属　132

Y

亚热带前口虫　160
亚桶形后口虫　73
咽膜目　147
咽膜亚纲　147
盐鬃毛虫　31
眼点前口虫　155
异阿脑虫属　119
异玻氏膜袋虫　45
异海洋尾丝虫　111
异指状污栖虫　97
隐唇虫科　79
印度麦德申虫　93

映毛虫科　139
映毛虫属　140
优雅帆口虫　48
优雅内扇虫　89
优雅前口虫　158
优雅尾丝虫　112
右毛虫属　138
鱼钩虫科　67
鱼钩虫属　67
原膜袋虫属　39

Z

长拟尾丝虫　127
长伪膜袋虫　41
针口虫属　98
指状拟舟虫　86
中华帆口虫　59
中华后阿脑虫　123
中华阔口虫　28
中华裂纱虫　65
中华膜袋虫　46
中华前口虫　161
中华污栖虫　94
中华小尾丝虫　105
中华原膜袋虫　40
中型发袋虫　34
舟形虫科　147
舟形虫属　147
锥膜虫科　170
鬃毛虫属　30

拉丁名索引

A

Acucyclidium 35
Acucyclidium atractodes 35
Ancistridae 67
Ancistrum 67
Ancistrum acutum 69
Ancistrum crassum 70
Ancistrum haliotis 67
Ancistrum japonicum 71
Apouronema 99
Apouronema harbinensis 100

B

Biggaria 79
Biggaria bermudensis 80
Biggaria caryoselaginelloides 81
Biggaria polynucleatum 79
Boveria 73
Boveria labialis 74
Boveria subcylindrica 73

C

Cardiostomatella 132
Cardiostomatella vermiformis 133
Cinetochilidae 139
Cinetochilum 140
Cinetochilum ovale 140
Cohnilembidae 82
Cohnilembus 82
Cohnilembus verminus 82

Conchophthiridae 129
Conchophthirus 130
Conchophthirus curtus 130
Conchophthirus lamellidens 131
Cristigera 34
Cristigera media 34
Cryptochilidae 79
Ctedoctematidae 30
Cyclidiidae 33
Cyclidium 43
Cyclidium amoyensis 43
Cyclidium glaucoma 44
Cyclidium sinicum 46
Cyclidium varibonneti 45

D

Dexiotricha 138
Dexiotricha cf. *granulosa* 138
Dexiotrichides 137
Dexiotrichides pangi 137
Disematostoma 172
Disematostoma minor 172

E

Entorhipidiidae 87
Entorhipidium 88
Entorhipidium fukuii 90
Entorhipidium tenue 89
Entorhipidium triangularis 88
Eurystomatella 28
Eurystomatella sinica 28

Eurystomatellidae 27

F

Falcicyclidium 36
Falcicyclidium citriforme 38
Falcicyclidium fangi 37
Frontonia 150
Frontonia acuminata 151
Frontonia canadensis 169
Frontonia didieri 168
Frontonia elegans 158
Frontonia guangdongensis 166
Frontonia lynni 163
Frontonia magna 157
Frontonia mengi 154
Frontonia multinucleata 152
Frontonia ocularis 155
Frontonia paramagna 156
Frontonia pusilla 159
Frontonia schaefferi 167
Frontonia shii 165
Frontonia sinica 161
Frontonia subtropica 160
Frontonia tchibisovae 164
Frontoniidae 150

G

Glauconema 125
Glauconema trihymena 126

H

Hemispeiridae 72
Hippocomos 30
Hippocomos salinus 31
Histiobalantiidae 32
Histiobalantium 32

Histiobalantium marinum 32
Homalogastra 113
Homalogastra parasetosa 114

L

Lembadion 147
Lembadion lucens 147
Lembadionidae 147
Loxocephalida 129
Loxocephalidae 132

M

Madsenia 93
Madsenia indomita 93
Marituja 170
Marituja cf. *caudata* 170
Mesanophrys 119
Mesanophrys carcini 119
Metanophrys 120
Metanophrys orientalis 120
Metanophrys similis 122
Metanophrys sinensis 123
Miamiensis 124
Miamiensis avidus 124
Myxophyllum 77
Myxophyllum magnum 78

O

Orchitophryidae 115

P

Paralembidae 86
Paralembus 86
Paralembus digitiformis 86
Parameciidae 149

Paramecium 149
Paramecium duboscqui 149
Paramesanophrys 115
Paramesanophrys typica 115
Paranophrys 116
Paranophrys magna 118
Paranophrys marina 117
Paratetrahymena 134
Paratetrahymena parawassi 134
Paratetrahymena wassi 135
Parauronema 127
Parauronema longum 127
Parauronema virginianum 128
Parauronematidae 124
Peniculia 147
Peniculida 147
Philaster 94
Philaster apodigitiformis 97
Philaster hiatti 96
Philaster sinensis 94
Philasterida 75
Philasteridae 91
Philasterides 91
Philasterides armatalis 92
Pleuronema 47
Pleuronema binucleatum 54
Pleuronema coronatum 62
Pleuronema czapikae 58
Pleuronema elegans 48
Pleuronema grolierei 60
Pleuronema marinum 57
Pleuronema orientale 53
Pleuronema parawiackowskii 56
Pleuronema paucisaetosum 49
Pleuronema puytoraci 61
Pleuronema setigerum 50
Pleuronema sinica 59
Pleuronema wiackowskii 55
Pleuronema wilberti 51

Pleuronematida 27
Pleuronematidae 47
Porpostoma 98
Porpostoma notata 98
Protocyclidium 39
Protocyclidium citrullus 39
Protocyclidium sinicum 40
Pseudocohnilembidae 83
Pseudocohnilembus 84
Pseudocohnilembus hargisi 84
Pseudocohnilembus persalinus 85
Pseudocyclidium 41
Pseudocyclidium longum 41
Pseudoplatynematum 141
Pseudoplatynematum dengi 141
Pseudoplatynematum denticulatum 143

S

Sathrophilus 144
Sathrophilus holtae 146
Sathrophilus planus 144
Schizocalyptra 63
Schizocalyptra aeschtae 64
Schizocalyptra similis 66
Schizocalyptra sinica 65
Scuticociliatia 27
Stokesiidae 170

T

Thigmophrya 76
Thigmophrya bivalviorum 76
Thigmophryidae 76

U

Uronema 106
Uronema apomarinum 108

Uronema elegans　112
Uronema heteromarinum　111
Uronema marinum　110
Uronema nigricans　109
Uronema orientalis　107
Uronematidae　99
Uronemita　101
Uronemita binucleata　103
Uronemita filificum　104

Uronemita parabinucleata　102
Uronemita parafilificum　101
Uronemita sinensis　105

W

Wilbertia　29
Wilbertia typica　29